기술 혁신과 노동시장 변화

안군원 · 구자현

한국노동연구원

목 차

표 목 차

그림목차

요 약

본 연구는 자동화, 로봇 도입, 인공지능(AI) 기술 등으로 대표되는 기술 혁신과 노동시장의 변화에 대해 살펴본다. 먼저, 기술 혁신과 노동시장에 대해 개괄하고, 로봇 도입이 지역노동시장과 인적자본에 미치는 영향에 대해 심층적으로 분석한다. 또한, 기업체 인사담당자를 대상으로 표적집단심층면접(FGI : Focus Group Interview)을 통해 기술 혁신이 실제 노동시장에 미치는 영향에 대해 다층적으로 살펴본다. 이를 통해 향후 노동시장 충격을 완화하며 지속적인 발전을 도모하기 위한 정책적 대안을 제시하는 것을 목표로 한다.

본 연구의 결과를 요약하면 다음과 같다.

제2장에서는 기술 혁신과 노동시장에 대해 개괄했다. 먼저, 기술 혁신의 개념, 종류 및 발전단계에 대한 이론적 바탕을 제시하였다. 또한, 여러 자료를 활용하여 현재의 기술 혁신 수준을 살펴보고 사회・경제적인 영향에 대해 개괄했다. 마지막으로, 이러한 기술 혁신이 진행 중인 노동시장의 현황과 전망에 대해 살펴봤다.

조셉 슘페터에 의해 제시된 기술 혁신의 개념은 기술의 발전이 단순히 새로운 기술의 도입을 넘어 기존의 제품 및 서비스, 생산방식 등을 새로이 조립하거나, 기존에 존재하지 않던 기술을 발명함으로써 경제적 사회적 가치를 창출하는 과정을 의미한다. 기술 혁신은 새로운 제품의 개발, 새로운 생산공정의 도입, 새로운 시장 개척, 새로운 원재료 또는 중간재 공급원 개발, 새로운 산업 조직 도입 등의 5가지로 분류된다. 최근 주로 언급되는 기술 혁신은 신제품의 개발로 인한 제품 혁신과 신규 생산공정의 도입으로 인한 공정혁신을 들 수 있다. 이러한 기술 혁신은 산업 구조를 개편하고, 노동시장에도 산업 구조 개편에 따른 신규 노동수요의 발생 및 기존 노동수요의 감소와 같은 변화를 일으킨다.

기술 혁신과 관련된 객관적인 평가를 통해 기술 혁신의 현황에 대해 살펴보았다. 한국의 혁신역량지수는 OECD에 가입한 36개국을 대상으로 분석한 결과, 5위를 차지하며 높은 수준을 기록했다. 항목별로 구분하여 봤을 때는 자원과 활동 부문에서 상위권에 위치하였으나, 네트워크 부문과 환경 부문에서 낮은 순위를 기록했다. 특히, 국제 협력과 지원제도 부문의 개선이 필요한 것으로 보인다. 한편, 국내 기업 대상 혁신조사에서는 제조업과 서비스업 모두 최근 10년간 혁신활동을 하는 기업 비중이 증가한 것으로 나타났으나, 제조업의 혁신활동률과 R&D활동률이 서비스업에 비해 상대적으로 높은 것으로 나타났다.

기술 혁신의 사회・경제적 영향을 다룬 연구에서는 긍정적 측면과 부정적 측면이 모두 관찰되고 있다. 긍정적인 측면으로는 생산성 향상과 새로운 시장 창출을 통한 경제성장 및 국제 경쟁력 강화가 주요 성과로 언급된다. 반면, 부정적인 측면으로는 자동화와 로봇 도입 등으로 인해 저숙련 노동자의 고용이 감소하고 소득 불평등이 심화될 가능성도 제기된다.

이와 같이 기술 혁신은 노동시장에서 복합적인 모습을 나타낸다. 숙련수준별로 고용에 미치는 영향을 살펴본 결과, 자동화, 로봇 도입, AI 기술 등은 고숙련 일자리를 늘렸으나 저숙련 및 중숙련 일자리를 감소시키는 추세가 나타나는 현상을 확인할 수 있었다. 한편, 고용보험 DB를 이용하여 디지털 전환 기반 기술 인력 현황을 살펴보면 관련 인력들이 꾸준히 증가하는 추세에 있음을 알 수 있다. 이와 더불어, 플랫폼 종사자의 규모 역시 마찬가지로 큰 폭의 증가를 나타내고 있으며 이러한 증가세는 향후 꾸준히 증가할 것으로 보인다. 향후 기술 혁신과 관련하여 노동시장에서 순 일자리가 감소할 것으로 전망하는 의견들이 존재하지만 기업들은 교육훈련에 대한 투자, 직무 전환 등 기존 인재의 육성 및 활용에 대해 긍정적인 모습을 보이고 있다.

제3장에서는 로봇 도입이 지역노동시장의 고용과 임금에 미친 영향을 분석했다. 이를 위해 전국사업체조사 자료를 활용하여 지역노동시장권을 설정한 후, 로봇 노출도를 계산하고 이중차분과 발틱 도구변수를

이용하여 분석했다. 분석 결과, 로봇 도입은 제조업과 비제조업의 고용과 임금에 긍정적인 영향을 미친 것으로 나타났다. 이는 제조업에서는 로봇 도입으로 인한 생산성 상승이 로봇이 인력을 대체하는 효과보다 훨씬 큰 것을 의미하며, 비제조업의 경우 노동시장의 긍정적인 영향으로 인해 서비스업 등의 수요가 증가하였음을 시사하고 있다. 그러나 제조업의 경우 고용계약 기간이 긴 상용직 고용이 늘어났으나, 비제조업의 경우 임시 및 일용직 고용이 늘어나 고용의 질적 측면에서는 로봇 도입의 효과가 이질적인 것으로 나타났다.

로봇 도입의 효과를 연령대별로 분석한 결과, 45세 미만 젊은 층의 고용률은 증가한 반면, 45세 이상 중장년층의 고용률은 감소한 것으로 나타났다. 이는 연령대에 따라 로봇 도입에 대한 적응력이 다르다는 것을 보여준다. 또한, 로봇 도입의 효과를 학력별로 살펴본 결과, 고졸 이하 노동자의 임금이 상승했으며 대학 프리미엄이 유의미하게 감소한 것으로 나타났다. 이는 로봇 도입으로 인해 대학 진학의 기회비용이 상승하면서 대학 진학에 부정적인 영향을 미칠 수 있음을 시사하고 있다.

제4장에서는 기술 혁신이 인적자본에 미치는 영향을 살펴보기 위해 국제로봇협회의 자료와 전국사업체조사 자료를 활용하여 지역노동시장권별 로봇 노출도를 계산하고, 교육기본통계조사 자료와 인구동향조사 자료를 이용하여 대학 등록 및 전공선택 등에 미치는 영향과 관련된 변수들을 구한 뒤 인과적 관계를 추정하였다.

먼저, 해당 지역노동시장에 거주하는 19~60세 인구 대비 대학 재적학생 수를 종속변수로 하여 로봇 도입의 인과적 효과를 추정한 결과, 로봇 도입은 대학 등록률을 낮추는 것으로 나타났다. 학제별로 구분하여 4년제와 2년제에 대해 각각 살펴본 결과, 2년제의 경우 부정적인 효과가 나타났으나 4년제의 경우 통계적으로 유의미한 영향이 나타나지 않았다. 설립 주체별로 나눠 국·공립대와 사립대로 구분하여 분석한 결과에서는 로봇 도입으로 인한 효과가 사립대에만 부정적인 영향을 미치는 것으로 나타났다. 또한, 로봇 도입이 대학 졸업생들의 전공선택에 미치는 영향을 살펴본 결과, 로봇 노출도의 증가는 공학 계열의 졸업생 비율을 높였으나 예체능 계열의 졸업생 비율은 낮춘 것으로 나타났다. 자동화 기술 발전으로 인한 일자리 창출이 가장 높은 공학 분야의 결과는 기존의 예상과 합치한다고 볼 수 있다.

한편, 고등학교 졸업생을 대상으로 로봇 도입이 대학 입학에 미치는 영향을 분석한 결과, 로봇 도입으로 인해 고등학교 졸업생들의 대학 진학률이 감소한 것으로 나타났다. 앞선 분석이 19~60세 인구 대비 대학 등록률을 계산하여 노동시장 전체의 변화를 포함했다면, 이 분석은 고등학생의 직접적인 교육 선택에 초점을 맞춰 보다 세부적인 영향을 확인할 수 있다. 그러나 대학 입학생의 전공선택에 대한 분석에서는 통계적으로 유의미한 효과가 발견되지 않았다. 이는 대학 입학생들이 산업 및 노동수요 변화에 대한 정보를 충분히 인지하지 못했거나, 기술 변화가 입학 시 전공선택에 직접적 고려 요인으로 작용하지 않았을 가능성을 나타낸다.

마지막으로, 로봇 도입이 인적자본 축적에 미치는 잠재적인 메커니즘을 분석하기 위해 지역별고용조사 자료를 활용하여 학력 수준별 25~60세 인구의 임금 변화에 미친 영향을 살펴봤다. 분석 결과, 로봇 도입은 고졸 이하 노동자의 임금을 상승시켰으나 초대졸 이상 노동자의 임금에는 유의미한 영향을 미치지 않았으며, 이로 인해 학력 임금 프리미엄이 감소한 것으로 나타났다. 이는 로봇 도입이 저숙련 노동자의 생산성을 보완하여 대학 등록의 기회비용을 증가시키고, 그 결과 고졸 이하 노동자들의 대학 진학 유인을 감소시켰을 가능성을 시사한다. 또한, 고숙련 노동에 대한 수요가 크게 증가하지 않았을 가능성도 함께 제기된다.

제5장에서는 제3장과 제4장에서 진행한 양적분석에 더해 제조업, IT 산업 인사담당자들을 대상으로 기술 혁신과 노동시장 변화에 대한 표적집단심층면담(FGI : Focus Group Interview)을 진행했다. 현재 실제 노동시장에 참여하고 있는 재직자들을 대상으로 기업에서 기술 혁신은 어떻게 적용되고 있으며 이에 따른 인력구조, 채용 방식 등에는 어떤 영향을 미쳤는지 매우 자세히 파악하고자 하였다. 면접 대상은 제조업 기업 인사담당자와 IT 기업 인사담당자 두 집단으로 구분하였고, 면담은 집단

별 5명씩 총 10명을 대상으로 2024년 10월 14일, 15일 이틀에 걸쳐 진행하였다. 주요 질문들은 크게 5가지 대분류 항목으로 나누고 해당 항목에 속하는 몇 가지 구체적인 질문들로 구성하였다. 대분류 항목으로는 노동시장 평가, 기술 혁신의 영향, 기술 혁신과 노동시장, 기술 혁신과 미래, 정부 정책으로 구성하였다. 표적집단심층면접(FGI)에서 나온 의견들을 종합하여 얻은 시사점은 다음과 같다.

첫째, 현재 노동시장의 두드러진 현상은 미스매치의 심화로 인해 노동수급이 원활하게 이뤄지지 않고 있는 점이며, 이러한 미스매치 문제를 해결하기 위한 노력이 필요하다. 둘째, 로봇, 자동화 및 AI 툴 도입 등의 기술 혁신이 현재 산업 전반에 미치는 영향은 아직 크게 체감되고 있지 않았으나, 생산직을 중심으로 인력구조에 변화가 나타나고 있으며 이에 대응하기 위한 산업 전반의 준비가 필요하다. 셋째, 수도권과 비수도권 지역 소재 기업 간의 차이가 심화되고 있으며, 청년층 수도권 쏠림 현상 및 비수도권 지역 소재 기업들의 인력 부족 문제를 해결하기 위한 정책적 지원이 필요하다. 넷째, 자동화 및 AI 기술 등의 도입으로 인해 노동자 간 생산성 격차가 커지고 있으며 이러한 양극화는 심화될 것으로 전망된다. 향후 고용의 양극화 문제를 완화할 수 있는 정책이 필요하다. 마지막으로, 기술 혁신의 속도가 점점 빨라지는 상황에서 향후 산업에서 요구되는 수준의 인력공급을 위해 교육 및 재교육 프로그램을 적절히 제공할 필요가 있다.

본 연구의 주요 내용을 바탕으로 다음과 같은 정책제언을 도출하였다. 첫째, 노동자들이 기술 변화에 적응할 수 있도록 재교육과 직업훈련 프로그램을 확대해야 한다. 이를 위해 맞춤형 직업훈련 과정을 개발하고, 재직자를 대상으로 온・오프라인 혼합 학습 시스템을 도입하여 교육 기회를 늘려야 한다. 특히, 제3장의 연구 결과는 로봇 도입이 연령대별로 차별적인 영향을 미쳤음을 보여준다. 이러한 차이를 완화하기 위해 모든 연령대의 노동자들이 새로운 기술에 접근할 수 있도록 포괄적이고 체계적인 기술 교육도 함께 제공해야 한다. 이러한 노력을 통해 산업 전반의 생산성을 높이고 고용 안정성을 도모할 수 있을 것으로 기대한다.

둘째, 기술 혁신으로 인해 발생할 수 있는 고용 불안과 소득 불평등을 완화하기 위해 사회안전망을 개선하고 사각지대에 위치하는 노동자들을 포용할 수 있는 제도를 강화해야 한다. 제3장의 결과에서 볼 수 있듯이 새로이 창출되거나 사라지는 일자리가 산업별로 상이하므로, 산업별 맞춤형 정책이 요구된다. 특히 비제조업 부문에서 증가하는 임시 및 일용직의 일자리에 대해서는 이들의 직업 안정성과 고용 안정성을 높이기 위한 정책이 시급하다. 이를 위해 맞춤형 고용 보험, 직업 전환을 지원하는 일자리 전환 프로그램, 그리고 안정적인 근로 환경을 보장하기 위한 제도적 장치가 필요하다.

셋째, 기술 혁신이 노동시장에 미치는 지역적 격차를 줄이기 위한 노력이 필요하다. 제3장의 분석 결과에서 나타난 것처럼, 지역별 로봇 도입의 차이는 고용 격차로 이어질 가능성을 내포하고 있다. 이에 따라 기술 혁신이 상대적으로 더딘 지역에 관련 인프라와 설비를 지원하고, 신기술 도입을 위한 보조금이나 세제 혜택과 같은 정책적 지원을 강화해야 한다. 이를 통해 지역 간 균형 있는 발전을 도모할 수 있다.

넷째, 자동화 및 로봇 도입 등으로 변화하는 산업 구조에 대응하기 위해 교육 정책과 인적자원 개발 프로그램 간의 연계성을 확대해야 한다. 현재 존재하는 산업별 인적자원 개발 체계와 위원회들이 있지만, 지역과 산업의 특수성을 반영한 맞춤형 정책은 여전히 부족하다. 이를 해결하기 위해 현실적인 수요를 반영한 정책 설계와 기관별 협력 체계를 강화하기 위한 노력이 필요하다.

마지막으로, 기술 혁신으로 인해 변화하는 노동수요에 대응하기 위해 STEM(과학, 기술, 교육, 수학) 분야의 확대와 지원이 필요하다. 전통적인 대학의 교육 체계에서는 변화하는 산업환경에서 필요한 인력을 적절하게 공급하는 데 한계가 있다. 따라서 대학과 기업 간 협력을 통해 실제 많은 수요가 있는 기술 중심 학과를 개설하고 취업으로 연결될 수 있는 체계를 마련할 필요가 있다. 이러한 정책적 노력을 통해 기술 혁신의 부정적 영향을 최소화하고, 긍정적 효과가 사회 전반에 고르게 확산할 수 있도록 해야 한다.

제 1 장
서 론

제1절 연구의 배경

과학기술의 발전으로 인간 노동을 대체하는 기계장치의 발명은 산업화 시대를 열었고, 이는 경제구조의 변화와 빠른 성장을 이끌며 인류 사회에 전환점을 가져왔다. 기계장치는 인간의 단순노동을 대체할 뿐만 아니라, 여러 명의 몫을 대체하며 자본과 기술의 결합이 인간을 대체할 수 있다는 위기감을 안겼다. 19세기 초 영국에서 시작된 산업혁명은 기계장치의 대규모 생산으로 인해 실업에 대한 우려를 불러일으켰고, 이러한 불안으로 인해 러다이트(Luddite) 운동이 발생하기도 했다. 지난 두 세기를 거치며 기술 혁신은 더 빠른 속도로 진행되었으나, 우려했던 대규모 실업보다 새로운 노동수요의 창출로 인해 이러한 문제는 현실화하지 않았다. 기술 발전은 여성의 가사 노동 부담을 줄이며 이들의 노동시장 참여를 촉진했으며, 기존에 존재하지 않던 산업을 형성하고 고용을 창출하며 경제구조를 변화시켰다.

21세기 들어 기술 혁신은 사회와 경제를 더욱 급격히 변화시키고 있다. 자동화, 로봇, 빅데이터, 인공지능(AI)과 같은 첨단기술의 발전은 전통적인 산업 구조를 재편하며, 새로운 산업과 일자리를 창출하고 있다. 특히, 코로나19 팬데믹 이후 디지털 전환의 가속화는 기술 혁신이 노동시장에 미치는 영향을 더욱 부각시켰다.

한국은 다른 선진국에 비해 산업화 시작이 다소 늦었으나, 빠른 속도로 산업화에 성공하며 경제발전을 이룩했다. 또한 21세기 들어 첨단기술에 많은 투자를 하며 전 세계적으로 높은 수준의 과학 기술 역량을 보유하게 되었다. 과학 기술의 발전으로 다른 국가들에 비해 빠른 속도의 기술 혁신이 나타나고 있고, 이에 따라 노동시장의 변화도 여타 국가들에 비해 빠른 속도로 진행되고 있다.

선행연구들에서는 기술 혁신이 노동시장에 미치는 효과에 대해 긍정적인 측면과 부정적인 측면의 상반된 의견이 모두 존재한다(Van Reenan, 1996; Blanchflower and Burgess, 1998; Klette and Førre, 1998; Smolny, 2002; Autor et al., 2003). 한편, 최근의 기술 혁신은 특히 자동화와 로봇 도입, AI 기술의 발전으로 인해 나타나고 있으며, 이들이 노동시장에 미치는 영향에 대해서도 많은 연구가 진행되었다(Autor, 2015; Graetz and Michaels, 2018; Acemoglu and Restrepo, 2020; Dauth et al., 2021). 또한, 기술 혁신과 노동시장의 영향으로 개인의 인적자본 관련 투자 결정에도 영향을 미친다는 연구들도 다수 존재한다(Lerch, 2020; Branco et al., 2022; Di Giacomo and Lerch, 2023).

본 연구는 이러한 논의를 바탕으로 최근 가속화되는 기술 혁신과 이를 통한 산업의 발전 및 재편이 노동시장에 미치는 영향에 대한 문제의식을 제기하며 시작한다. 기술 혁신은 노동시장에서 전통적인 산업의 일자리를 줄이는 한편, 새로운 산업을 발전시키고 신규 일자리를 창출하는 모습을 보인다. 또한, 노동시장의 변화를 통해 개인의 인적자본 투자 결정에도 영향을 미친다. 따라서 본 연구에서는 이러한 기술 혁신이 노동시장과 인적자본에 미치는 영향을 심층적으로 분석하고 향후 노동시장 충격을 완화하며 지속적인 발전을 도모하기 위한 정책적 대안을 제시하는 것을 목표로 한다.

제2절 연구의 구성

본 연구는 기술 혁신과 노동시장에 대해 개괄하고, 기술 혁신의 한 종류인 로봇 도입이 지역노동시장의 고용과 임금에 미치는 영향에 대해 분석한다. 또한, 로봇 도입이 인적자본에 미치는 영향에 대해 탐색하고, 기업체 인사담당자를 대상으로 표적집단심층면접(FGI : Focus Group Interview)을 통해 기술 혁신이 실제 노동시장에 미치는 영향에 대해 다층적으로 살펴본다.

제2장은 기술 혁신과 노동시장에 대해 개괄한다. 기술 혁신의 개념, 종류 및 발전단계를 이론적 틀을 바탕으로 살펴보고 현재의 기술 혁신 수준 및 사회 · 경제적 영향에 대해 논의한다. 또한, 기술 혁신의 영향을 받고 있는 노동시장의 현황과 전망에 대해 살펴본다. 제3장은 로봇 도입이 고용과 임금에 미친 영향을 분석한다. 전국사업체조사, 국제로봇협회 자료, 인구주택총조사, 지역별고용조사 등을 활용하여 로봇 도입이 지역노동시장에 미치는 영향을 다각도로 살펴본다. 이어서 제4장은 로봇 도입이 인적자본에 미친 영향에 대해 분석한다. 교육기본통계조사, 인구동향조사, 국제로봇협회 자료, 지역별고용조사 자료를 이용하여 로봇 도입이 대학 등록 및 전공선택에 미친 효과를 살펴본다. 제5장은 기업체 인사담당자를 대상으로 기술 혁신과 노동시장 변화에 대한 표적집단심층면담(FGI : Focus Group Interview)을 실시한다. 현재 노동시장에 참여하고 있는 인사담당자들을 대상으로 기술 혁신이 현장에서 어떻게 적용되고 있으며, 이에 따른 고용의 양과 질에는 어떤 영향을 미치는지 매우 자세히 파악하고자 한다. 마지막으로 제6장은 본 연구의 주요 결과를 요약하고 이를 토대로 정책제언을 제시한다.

제 2 장
기술 혁신과 노동시장 개괄

제1절 서 론

기술 혁신은 현대 경제와 사회 변화의 핵심 동력으로, 생산성 향상과 경제성장의 주요 요인으로 작용하고 있다. 조셉 슘페터가 제안한 창조적 파괴(Creative Destruction) 개념에 기반한 기술 혁신은 새로운 제품과 서비스의 도입뿐만 아니라, 기존 자원과 요소의 효율적 개선을 통해 경제적 · 사회적 가치를 창출하는 과정을 포괄한다. 이러한 혁신은 단순히 기술적 발전에 그치지 않고, 기존 산업 구조를 변화시키며 노동시장의 역동성을 재편하는 데 중요한 역할을 한다. 특히, 4차 산업혁명으로 대변되는 기술 혁신은 디지털 전환, 인공지능(AI), 빅데이터, 자동화 기술과 같은 혁신적 기술 도입을 통해 산업 및 노동시장 전반에 걸쳐 급격한 변화를 일으키고 있다.

이처럼 기술 변화의 가속화는 일자리의 본질적 성격이 어떻게 변할 것인가에 대한 우려를 불러일으키고 있다. 기술 혁신이 장기적인 경제성장에 긍정적인 영향을 미친다는 점에는 널리 공감대가 형성되어 있으나, 고용 효과에 대해서는 장 · 단기적으로 상반된 의견이 제시되고 있다. 예컨대, 자동화와 로봇 도입, AI 기술의 발전이 육체노동 및 지적 노동을 대체하거나 보완하는 방식에 대해서는 의견이 분분하다. 일부에서는 이러한 기술 변화가 저숙련 노동자를 줄이고, 고숙련 노동자에게 더 유리한 환경을 조성한다고 주장한다. 반면, 기술 혁신이 새로운 산업과 직무를 창출함으로써 장기적으로는 고용을 증가시킬 수 있다는 낙관적인 시각도 존재한다.

본 장에서는 기술 혁신과 노동시장에 대해 개괄하고 이를 분석하기 위해, 먼저 기술 혁신의 개념과 유형, 발전단계를 이론적 틀을 바탕으로 정리한다. 이어서, 최근 기술 혁신의 수준과 주요 현황을 살펴보고 산업과 노동시장에 미친 영향을 다각도로 평가한다. 특히, 디지털 전환과 플랫폼 경제의 확산이 노동시장에 미친 영향에 주목하며, 숙련 수준별 변화, 고용구조의 재편, 그리고 플랫폼노동의 확대와 같은 변화에 대해 통계자료를 이용하여 살펴본다. 이를 토대로 기술 혁신이 노동시장에 제공하는 기회와 도전 과제를 분석하고, 향후 전망을 논의한다.

본 장의 구성은 다음과 같다. 제2절에서는 기술 혁신을 개괄하며 기술 혁신의 개념, 종류 및 발전단계를 정리하고, 현황, 사회・경제적 영향 등에 대해 상세하게 다룬다. 제3절에서는 기술 혁신이 진행 중인 현재의 노동시장 현황에 대해 살펴보고 향후 전망에 대해 논의한다. 제4절에서는 이러한 의견을 종합하여 정리한다.

제2절 기술 혁신 개황

1. 기술 혁신의 개념

기술 혁신의 개념은 조셉 슘페터에 의해 제시되었으며, 기술의 발전을 통해 새로운 제품, 서비스, 생산방식, 또는 비즈니스 모델을 창출하거나 기존의 것들을 개선하여 경제적 사회적 가치를 창출하는 과정을 의미한다. 기술 혁신의 주요 구성 요소에는 발명, 혁신, 확산이 있으며, 이들은 각각 새로운 기술 및 제품의 창출, 상업적 활용으로 경제적 가치의 창출, 사회 전반에 널리 퍼지는 과정을 뜻한다. 슘페터는 경제발전의 핵심적인 요소로 기업가에 의해 추진되는 혁신을 주장했다(정선양, 2020). 기술 혁신의 구체적 유형으로는 다음의 5가지 - 새로운 제품의 개발, 새로운 생산공정의 도입, 새로운 시장 개척, 새로운 원재료 또는 중간재 공급원 개발, 새로운 산업 조직의 도입 - 를 제시하였다. 각 유형에 대한 구체적인 내용은 다음과 같다. 첫째, 새로운 제품의 개발은 기존 시장에 존재하지 않았던 신제품을 개발 · 생산하여 시장에 출시함으로써 새로운 가치를 창출하고 소비자에게 새로운 선택지를 제공하는 것을 뜻한다. 둘째, 새로운 생산공정의 도입은 기존 생산 제품의 생산방식을 효율화하여 생산가능한 공정을 개발 · 도입하는 것으로, 단위 생산당 비용을 줄여 생산성 향상을 가능하게 한다. 셋째, 새로운 시장 개척은 기존 생산 제품을 기존 판매 시장이 아닌 새로운 시장에 판매하는 것을 뜻한다. 넷째, 새로운 원재료 또는 중간재 공급원 개발은 기존 원재료 및 중간재의 공급원 외에 새로운 공급처를 확보함으로써 원가 경쟁력 또는 제품의 품질 향상을 꾀하며 기업의 경쟁력을 강화하는 것을 의미한다. 마지막으로, 새로운 산업 조직의 도입은 신규 형태의 산업 조직 또는 경영 방식의 도입으로 인한 기업의 구조 · 경영 전략 · 유통 방식 등의 혁신을 말한다.

한편, 최근 논의되는 주요 기술 혁신으로는 새로운 제품의 개발로 인한 제품혁신과 새로운 생산공정을 도입하는 공정혁신이 있다. 이러한 혁신은 주로 연구개발 활동을 통해 이루어지며, 신기술의 개발과 신제품의 출시는 기존 독 · 과점적 지위를 가진 기업을 쇠퇴시키고 산업 구조에 변화를 가져온다.1) 이에 따라 노동시장에도 새로운 산업에서의 신규 노동수요가 발생하는 한편, 전통적인 산업의 쇠퇴로 인한 노동수요의 감소가 복합적으로 발생한다.

2. 기술 혁신의 종류 및 발전단계

기술 혁신은 기존의 자원과 요소를 새로운 방식으로 결합하거나 이전에는 존재하지 않았던 완전히 새로운 기술을 창출하는 과정을 포함한다. 슘페터가 언급한 창조적 파괴(Creative Destruction)는 기술 혁신의 본질을 설명하는 개념으로, 신기술 도입이 기존 기술과 산업을 대체하고 산업 및 경제구조에 변화를 가져오는 현상을 나타낸다.2) 이 과정에서 기술 혁신은 새로운

---

1) Bresnahan & Trajtenberg(1995)은 일반 목적 기술을 통한 기술 혁신이 산업 구조 변화와 경제성장을 이끌었다고 밝혔다.

기술을 도입하는 데 그치지 않고, 기존 기술체계와의 상호작용을 통해 다양한 형태로 나타난다.

한편, 이와 관련하여 Henderson and Clark(1990)은 기술 혁신을 4가지 유형으로 구분하여 제시했다. 이 분류는 제품 및 서비스의 핵심 개념과 구성 요소 간 연결이 어떻게 변화하는지에 따라 구분된다. 첫째, 점진적 혁신은 기존의 제품 및 서비스 관련 기술을 소폭 개선하여 제품과 서비스의 경쟁력을 유지하고 발전시키는 지속적인 변화를 의미한다.[3] 둘째, 급진적 혁신은 기존의 제품 및 서비스를 근본적으로 바꾸는 혁신 형태로, 기존과 전혀 다른 기술을 도입해 작동 방식을 변화시키는 특징을 가진다. 셋째, 모듈형 혁신은 제품 및 서비스의 전반적인 구조를 유지하면서 특정 구성 요소에 변화를 주는 방식으로 나타난다. 마지막으로, 구조적 혁신은 핵심 구성 요소에는 큰 변화가 없지만 이를 새로운 방식으로 재구성 또는 재결합하여 효율성과 성능을 향상하는 형태를 말한다. 아래 [그림 2-1]은 기술 혁신에 대한 4가지 유형 분류를 보여준다.

기술 혁신은 기술이 처음 고안되고 개발되어 상품화를 거쳐 시장에서 상용화되고 확산하는 과정을 거치게 되는데 이러한 과정을 기술 혁신의 발전단계라고 부른다. Utterback(1996)은 기술 혁신의 발전단계를 제품, 공정,

[그림 2-1] 기술 혁신의 4가지 유형

		핵심 개념	
		강화	변화
핵심 개념과 구성 요소 간의 연결	변화 없음	점진적 혁신	모듈형 혁신
	변화됨	구조적 혁신	급진적 혁신

자료 : Henderson & Clark(1990).

2) Schumpeter, J. A.(1942) 참고.
3) Freeman and Soete(1997)에서 언급한 지속적 기술 혁신과 유사하며 기존 기술의 점진적 발전을 통해 제품 경쟁력을 유지한다.

조직, 시장, 경쟁의 특성 변화와 관련하여 유동기, 과도기, 경화기 등의 3단계로 구분했다.[4] 먼저, 유동기에는 스타트업과 벤처기업 같은 창업가적 기업들이 다양한 제품을 시장에 내놓고, 이들 간의 경쟁을 통해 선택받은 성공적인 제품이 지배적 디자인으로 자리 잡게 된다. 이후, 과도기에는 경쟁기업들이 지배적 디자인을 채택하면서 제품 다양성이 감소하고, 낮은 가격과 높은 품질의 유사한 제품을 공급하려는 노력으로 인해 공정혁신이 활발해진다. 이 단계에서는 경쟁력을 갖춘 기업만이 살아남고, 다수의 기업이 시장에서 퇴출된다. 마지막으로, 경화기에 이르면 생존한 기업들이 과점 상태를 형성하며 기술 혁신이 감소하고 표준화된 제품의 대량생산이 본격화된다. [그림 2-2]는 이러한 기술 혁신의 발전단계에 대해 단계별 혁신의 비율을 동태적으로 나타낸 그래프로 보여준다.

한편, 기술 혁신의 발전단계에서 혁신은 크게 제품혁신과 공정혁신으로 분류할 수 있다. 제품혁신은 소비자에게 직접 전달되는 최종 제품을 대상으로 이루어지며, 새로운 디자인을 통해 개선되거나 이전에 없던 새로운 기능 및 용도를 추가하는 형태를 나타낸다. 공정혁신은 이와 달리 제품의 생산과정 또는 서비스의 전달 과정에서의 혁신을 의미하며, 소비자에게는 가시적으로 보이지 않는다. 또한, 공정혁신은 주로 제조 공정, 기계, 재료 사용, 작

[그림 2-2] 기술 혁신의 발전단계

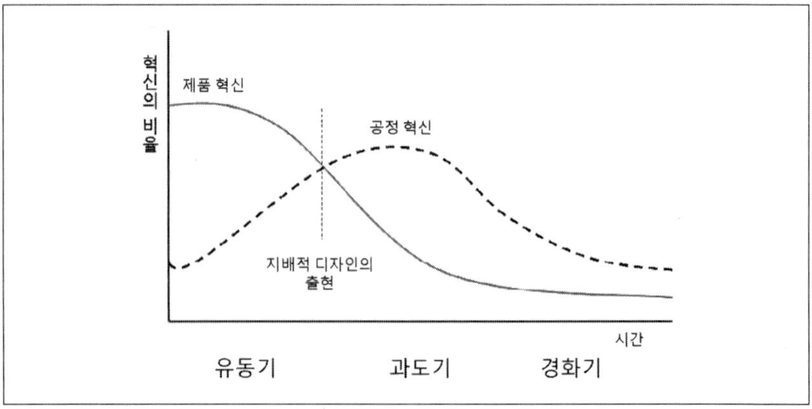

자료 : Utterback(1996)의 자료를 박찬수 외(2012)에서 재인용.

4) Utterback(1996)의 내용을 박찬수 외(2012)에서 재인용.

업 절차의 변화를 통해 생산성을 높이고, 품질을 개선하며, 비용과 시간을 절감하는 것을 목표로 한다. 이러한 공정혁신은 대부분 점진적 혁신에 해당한다.

3. 기술 혁신의 현황

21세기 들어 과학 기술의 발전이 첨단산업의 경쟁력을 강화하는 데 중요한 원천이 됨에 따라, 각 국가는 기술 혁신을 위한 투자의 지속적인 확대와 제도적 기반을 마련하는 데 앞장서고 있다. 이러한 기술 혁신의 현황은 IMD, WEF 등의 기관에서 작성하는 국가 경쟁력 및 혁신지수들을 통해 비교해 볼 수 있다. 한편, 이러한 국내・외 경쟁력 및 혁신지수들은 국가 경쟁력의 하부구조로서 혁신 전반에 대해서만 측정을 하는 한계가 있다. 국내에서는 한국과학기술기획평가원이 작성한 2023년 국가 과학기술혁신역량평가 보고서에서 과학기술혁신역량지수(COSTII : COmposite Science and Technology Innovation Index)를 산출하여 한국과 OECD(경제협력개발기구) 국가를 대상으로 한 분석을 제공하고 있다. 이를 통해 한국 기술 혁신의 현주소를 객관적으로 평가해 볼 수 있다.

[그림 2-3] 국가별 과학기술혁신역량지수(COSTII)

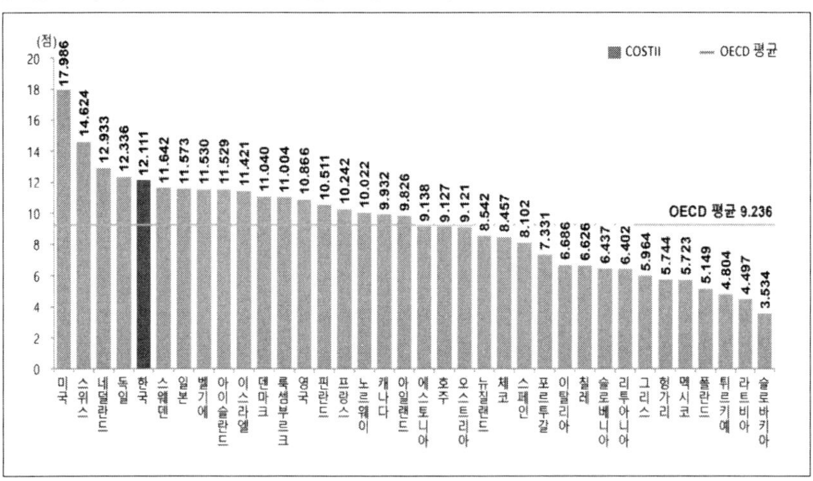

자료 : 한국과학기술기획평가원(2023), 『2023년 국가 과학기술혁신역량평가 연구』.

먼저, [그림 2-3]에서는 국가별 과학기술혁신역량지수를 제시한다. 한국은 전체 표본 36개국[5] 가운데 5위를 차지하며 OECD 회원국 평균보다 높은 수치를 기록했다. 지수가 높은 다른 국가들을 살펴보면 미국, 스위스, 네덜란드, 독일 등이 한국보다 높은 순위를 기록했다.

[그림 2-4]는 2023년 기준 국가별 과학기술혁신역량의 상대수준을 보여준다. 1위를 차지한 미국의 혁신역량을 기준인 100으로 설정하여 상대적인 수준을 나타낸다. 분석 대상인 OECD 회원국의 평균 수준은 51.4에 그쳤으며, 한국은 67.3을 기록했다.

[그림 2-4] 2023년 국가별 과학기술혁신역량 상대수준

(단위 : %)

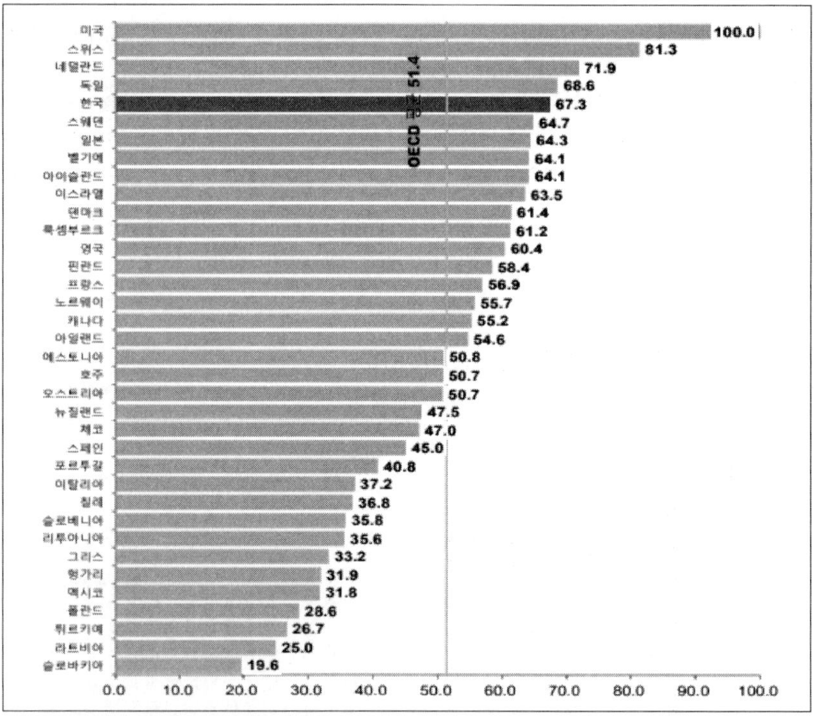

주 : 1위국(미국) 대비 상대수준.
자료 : 한국과학기술기획평가원(2023), 『2023년 국가 과학기술혁신역량평가 연구』.

5) OECD에 가입한 38개국 가운데 콜롬비아, 코스타리카는 최근에 가입한 관계로 분석 대상에 미포함.

다음으로, 〈표 2-1〉은 세계 주요 경쟁력 지수에서 발표한 한국의 과학기술역량 순위를 나타낸다. IMD에서 작성한 세계경쟁력순위 기준으로는 과학 인프라와 기술 인프라에서 각각 2위, 23위를 기록하며 63개국 가운데 종합 28위를 차지했다. 또한, 세계혁신지수(GII) 기준으로는 혁신 투입과 혁신 산출에서 각각 12위, 7위를 기록하며 전체 132개국 가운데 10위를 차지했다.

〈표 2-1〉 한국의 과학기술역량 순위

IMD 세계경쟁력순위(WCR)(2023. 6)		
종합	과학 인프라	기술 인프라
28위/63개국	2위(↑1)	23위(↓4)
WIPO 등 세계혁신지수(GII)(2023. 9)		
종합	혁신 투입	혁신 산출
10위/132개국	12위(↑4)	7위(↓3)

자료 : 한국과학기술기획평가원(2023), 『2023년 국가 과학기술혁신역량평가 연구』.

[그림 2-5] 상위 10개국 혁신역량 차이(2017~2023)

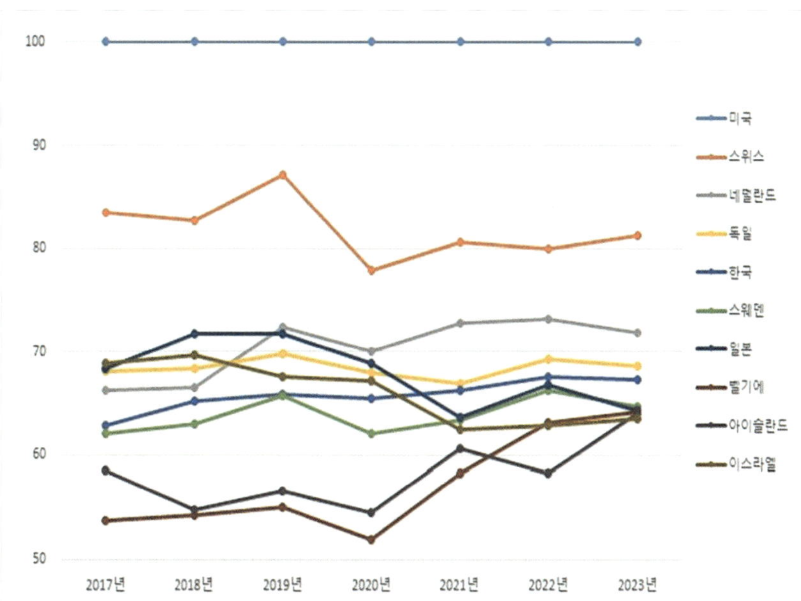

주 : 1위국(미국) 대비 상대수준.
자료 : 한국과학기술기획평가원(2023), 『2023년 국가 과학기술혁신역량평가 연구』.

[그림 2-5]는 2017년부터 2023년 기간 동안 상위 10개국의 혁신역량 수준의 변화를 상대적으로 보여준다. 1위를 차지한 미국을 100으로 설정하여 상대적인 수준의 변화를 나타낸 결과, 한국은 꾸준한 상승 추세를 기록했다.

〈표 2-2〉는 2023년도 과학기술혁신역량지수를 항목별로 구분하여 분석한 결과를 나타낸다. 한국은 자원과 활동 부문에 해당하는 인적자원, 조직, 지식자원, 연구개발 투자, 창업 활동 등의 항목이 상위권에 위치하였으나 네트워크 부문과 환경 부문이 낮은 순위를 기록했다.

한편, 과학기술정책연구원에서는 격년으로 제조업과 서비스업에 대해 각각 한국기업혁신조사를 진행하고 있다. 이는 국제 혁신조사 지침인 OECD의 오슬로 매뉴얼[6] 작성 기준에 맞춰 작성연도 기준 이전 최근 3년간의 세부 기업혁신 현황과 특성을 조사하는 자료이다. 2022년에는 제조업을 대상

〈표 2-2〉 한국의 항목별 지수 순위

부문	항목	한국 순위				
		2019	2020	2021	2022	2023
자원	인적자원	8	6	6	5	3
	조직	8	8	7	5	8
	지식자원	6	6	6	6	6
활동	연구개발 투자	2	2	3	2	2
	창업 활동	4	5	5	8	10
네트워크	산·학·연 협력	14	10	9	10	8
	기업 간 협력	19	16	12	12	12
	국제 협력	29	31	30	32	31
환경	지원제도	31	30	30	30	27
	물적 인프라	9	8	9	9	11
	문화	28	26	26	27	26
성과	경제적 성과	6	5	6	6	7
	지식 창출	17	14	14	11	11

자료 : 한국과학기술기획평가원(2023), 『2023년 국가 과학기술혁신역량평가 연구』.

6) 오슬로 매뉴얼에서는 혁신을 “새롭거나 획기적으로 개선된 상품 또는 비즈니스 프로세스를 성공적으로 출시 및 적용한 것”으로 정의한다.

으로, 2023년에는 서비스업을 대상으로 조사가 진행되었다. [그림 2-6]에서는 2022년 제조업 부문에 대해 혁신 관련 비중에서 전체 기업 대비 혁신활동을 수행한 기업들의 비중과 R&D 활동을 수행한 기업들의 비중을 나타내는 혁신활동률과 R&D활동률을 나타낸다. 2014년부터 2년 단위로 조사한

[그림 2-6] 한국기업 혁신활동률 및 R&D활동률 추이(제조업)

(단위 : %)

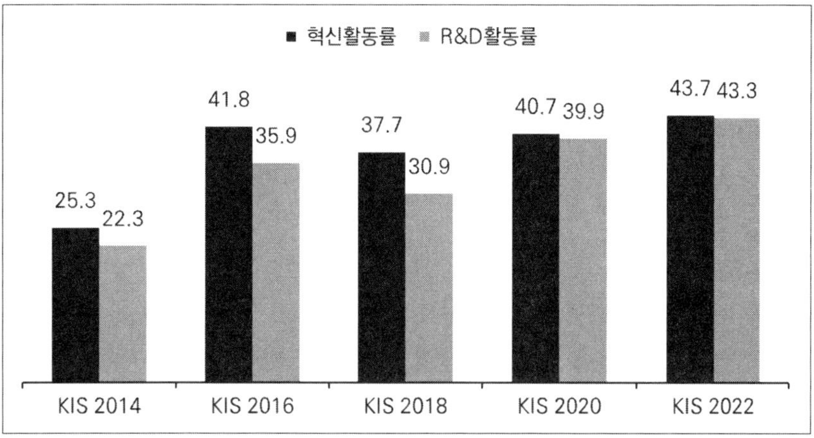

자료 : 과학기술정책연구원(2022), 『2022년 한국기업혁신조사 : 제조업 부문』.

[그림 2-7] 한국기업 혁신활동률 및 R&D활동률 추이(서비스업)

(단위 : %)

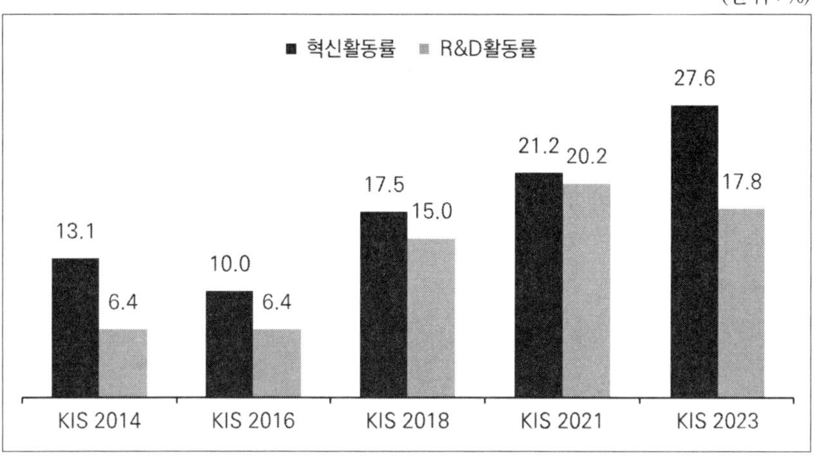

자료 : 과학기술정책연구원(2023), 『2023년 한국기업혁신조사 : 서비스업 부문』.

두 비율의 추이를 살펴보면 모두 증가하는 추세임을 확인할 수 있다. 제조업 기업들 가운데 약 43%가 혁신활동을 수행하고 있으며, 연구개발 활동도 수행하고 있는 것으로 밝혀졌다.

또한, 2023년에 발간된 2020~2022년 서비스업 부문의 세부 기업혁신 현황과 특성을 조사한 자료에서는 서비스업 기업들의 혁신활동률과 R&D활동률이 [그림 2-7]과 같이 제시되었다. 서비스업은 혁신활동률 27.6%, R&D활동률 17.8%를 기록하며 제조업에 비해 혁신활동과 R&D활동이 낮게 수행되는 것을 볼 수 있다.

4. 기술 혁신의 사회 · 경제적 영향

기술 혁신은 국가 경제가 지속적인 성장을 할 수 있는 원동력으로 경제학의 고전 모형인 솔로우 모형에 따르면, 기술 혁신이 없는 경우 1인당 자본량이 증가할수록 국가 경제의 성장률은 둔화하는 현상을 나타낸다. 기술 혁신이 발생하지 않는 경우 선진국의 경제는 매우 느린 속도로 성장하고, 개발도상국은 빠른 성장을 하면서 추격 효과(Catch-up Effect)가 발생한다. 그러나 현실에서는 기술 혁신의 영향으로 선진국의 경제성장률은 개발도상국과 유사하거나 높은 수준을 유지하고 있는데, 이는 기술 혁신으로 인해 생산가능곡선이 상향 이동하기 때문이다. 기술 혁신은 주로 기업 및 산업의 생산성을 향상시키기 위한 과정에서 발생하며, 생산에 투입되는 노동 및 자본의 효율성을 증진시켜 기존보다 더 적은 자원을 투입하여 더 많은 제품 및 서비스를 생산 가능하게 한다. 이를 통해 국제 시장에서도 제품 및 서비스 생산에 비교우위를 갖게 되어 수출이 증가하여 국가 경제 성장에도 기여하게 된다. 한편, 기술 혁신이 고용에 미치는 영향에 대한 연구는 상반된 결과들을 제시하고 있다. 자동화, 로봇 도입 등의 기술 혁신으로 인해 저숙련 노동자를 대체하며 일자리를 감소시킨다는 연구가 존재하는 반면(Klette and Førre, 1998; Autor et al., 2003), 기술 혁신이 발생하는 분야에서 새로운 일자리가 창출되어 전반적으로 고용이 증가한다는 연구결과도 있다(Van Reenan, 1996; Smolny, 2002; Blanchflower and Burgess, 1998).

최근 디지털 전환을 중심으로 한 기술 혁신은 일자리를 대체할 것이라는 주장과 더불어 노동자들의 생산성을 높여 기존 직무를 보완하는 방향으로 발전할 수 있다는 시각이 공존한다. Acemoglu and Restrepo(2019)의 연구에 따르면, 기술이 노동수요에 미치는 효과는 4가지로 구분할 수 있다(생산성 효과, 구성 효과, 직무변화 효과, 대체 효과). 생산성 효과[7]는 다양한 기술적 요인으로부터 국내총생산에 미치는 기여도의 합을, 구성 효과는 산업간 부가가치의 재배치로 인해 노동수요가 변화하는 현상을 설명한다. 또한, 직무변화 효과는 산업 수준의 대체 효과에 의해 설명되지 않는 변화를, 대체 효과는 자동화 기술 도입에 따른 노동수요의 대체를 의미한다. 이시균 외(2020)는 Acemoglu and Restrepo(2019)의 방법론을 활용하여, 한국 자료를 이용하여 기술 혁신이 노동 수요에 미친 영향을 평가했다. 연구 결과, 생산성 효과는 노동수요를 증가시키는 반면, 구성 효과, 대체 효과, 직무변화 효과는 노동수요를 감소시키는 것으로 나타났다. 이는 기술 혁신이 노동시장에 미치는 영향이 단순한 방향성이 아닌 복합적으로 나타난다는 점을 시사한다. 또한, Autor and Salomons(2018)의 방법론을 활용하여 기술 혁신이 일자리 양극화에 미친 영향에 대해서도 분석하였는데, 저숙련의 고용이 감소한 반면 고숙련 고용은 증가하는 경향이 확인되었다.

한편, 기술 혁신이 고용에 미치는 영향과 더불어 새로운 기술의 도입으로 인한 적응과 활용 측면에서 사회적 불평등의 문제가 발생할 수 있다는 의견도 존재한다. 기술 혁신에 의해 심화될 것으로 전망되는 불평등의 종류에는 소득 불평등이 있다. 기술 혁신으로 인해 전체적인 경제 규모의 성장에는 긍정적인 영향이 있을 수 있지만, 분배적인 측면에서도 같은 방향의 효과가 발생하는지에 대한 의견에는 논쟁의 여지가 있다. Juhn et al.(1993)은 고숙련 노동자가 저숙련 노동자에 비해 신기술의 수용 정도가 높아 생산성이 더 향상되고, 이들에 대한 노동수요가 증가하여 임금이 상승하고 이로 인해 소득 불평등이 확대된다고 주장하였다. 또한 Acemoglu and Autor(2010)의 연구도 자동화와 AI 기술이 인간의 노동을 대체함으로써 실업률을 증가시켜 소득 양극화를 초래할 것으로 예상하였다. 반면, Sequeira et al.(2017)은 총요소생산성, 개방도 및 인적자본 수준이 지니계수에 미치는 영향을 추정한

7) Brynjolfsson and McAfee(2014)의 연구는 디지털 기술이 경제 전반의 생산성 및 경제성장에 미치는 영향을 폭넓게 분석하였다.

결과 기술 혁신이 소득 불평등을 완화한다는 결과를 얻었다. Claudia et al.(2018)은 유럽의 28개국을 대상으로 특허 수와 지니 계수 간의 상관관계를 분석한 결과 특허출원이 증가할수록 지니계수가 낮아지는 관계를 발견했으며, 과학기술 혁신이 소득 불평등을 전반적으로 완화한다고 주장하였다. 국내 자료를 이용한 이시균 외(2020)의 연구에서도 기술혁신은 2008년까지는 소득 불평등을 확대시켰으나 2009년 이후에는 영향을 미치지 못한 것으로 추정하였다. 소득 불평등 외에도 새로운 기술의 발전은 기술에 대한 접근성이 높은 집단과 낮은 집단 사이에 차이를 발생시킬 수 있으며, 특히 세대 간 차이에 의한 경제적 사회적 불평등도 발생할 가능성이 존재한다.

제3절 노동시장 현황 및 전망

본 절에서는 로봇 도입, 자동화, AI 등의 기술 혁신이 발생한 노동시장의 현황 및 전망에 대해 살펴보고자 한다. 기술 혁신과 노동시장의 인과적 관계를 엄밀히 추정하기 전에, 노동시장은 현재 어떤 양상으로 변화하고 있으며 어떤 현상에 주목할 필요가 있는지 주요 통계를 이용하여 확인한다. 먼저, [그림 2-8]에서는 지역별고용조사 자료를 이용하여 구한 2014~2023년 기간 중 직업별 취업자 수 변화를 볼 수 있다. 디지털 전환이 빠르게 일어난 2010년대 들어 IT 기술의 발전은 이에 따른 신규 고용을 창출하고 있다. 해당 기간 동안 가장 많이 증가한 직업 분야는 전문가 및 관련 종사자로 정보통신 전문가 및 기술직, 공학 전문가 및 기술직 등에서 큰 증가를 보였다. 반면, 가장 크게 줄어든 직업군은 판매 종사자로 영업직, 매장 판매 및 상품 대여직, 통신 및 방문 · 노점 판매 관련직 등이 많이 감소하였다.[8)] 제조업에 종사하는 비중이 높은 장치 · 기계 조작 및 조립 종사자와 기능원 및 관련 기능 종사자 역시 소폭 감소하는 모습을 보였다.

기술 혁신은 자동화, 로봇 도입, AI 등의 도입을 촉진하여 숙련 수준별 고

8) 단순노무 종사자는 증가하였는데 대부분 청소 및 경비 관련 단순 노무직의 증가에 기인하는 모습을 보였다.

[그림 2-8] 직업별 취업자 수 변화

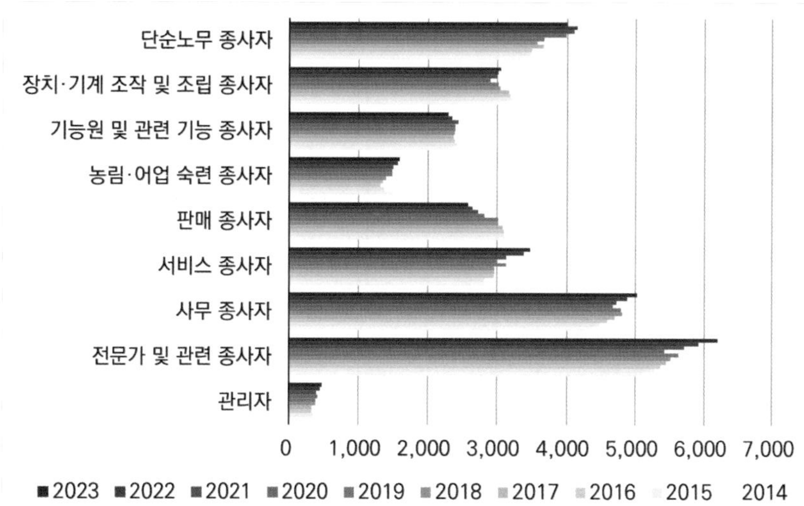

자료 : 통계청, 「지역별고용조사」, 각 연도.

용에 차별적인 영향을 미치는 것으로 알려져 있다. [그림 2-9]는 직업별 숙련 수준을 측정하여[9] 고숙련, 중숙련, 저숙련으로 구분하여 숙련 수준별, 연령별 취업자 수 증감을 보여준다(김승현, 2021). 2011년 이후 고숙련 및 저숙련 취업자 수는 코로나19가 발생한 2020년을 제외하면 완만한 증가세를 나타냈으나, 중숙련 취업자 수는 2018년부터 감소하는 모습을 보였다. 연령별로 보면 60세 이상은 저숙련 취업자 수가 많이 증가하였고 중숙련과 고숙련에서도 취업자 수 증가 폭을 유지하였으나, 15~59세는 고숙련을 제외한 중숙련, 저숙련에서 모두 취업자 수가 감소세로 전환한 것을 볼 수 있다.

[그림 2-10]은 산업을 제조업과 서비스업으로 구분하여 숙련 수준별, 산업별 취업자 수 증감을 나타낸다. 제조업 취업자 수 증감을 보면 중숙련 취업자가 2017년을 기점으로 크게 줄어들었으나, 저숙련과 고숙련의 경우 완만한 수준을 유지하였다. 서비스업의 경우 2020년을 제외하면 대체로 모든 숙련 수준에서 증가하는 모습을 나타냈다. 그러나 중숙련 서비스업의 경우

9) 직업별 평균 임금 수준을 숙련수준의 대용 변수로 이용하여 월 4백만 원 이상 임금근로자 비중 순으로 직업군을 분류한 뒤 한국표준직업분류에 적용하여 숙련수준을 측정한다. 자세한 내용은 김승현(2021)을 참고.

[그림 2-9] 숙련 수준별, 연령별 취업자 수 증감 추이

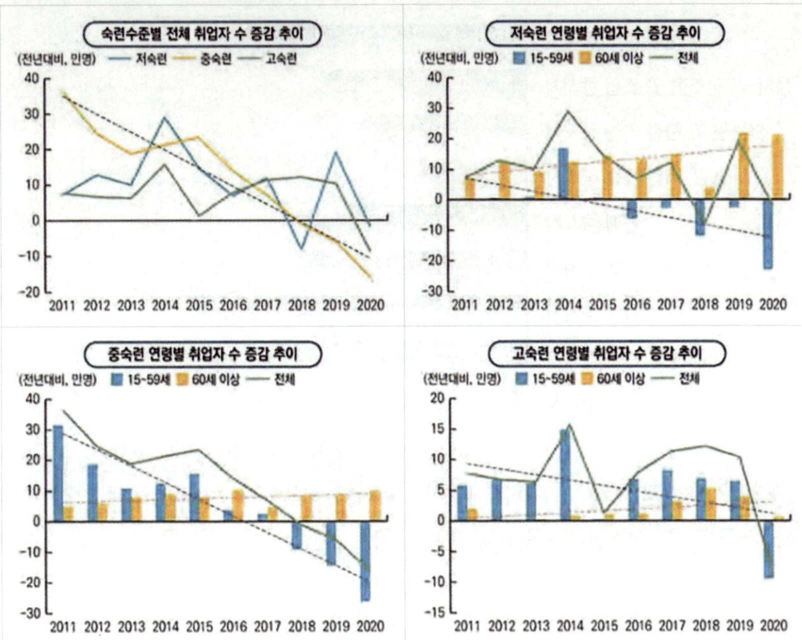

자료 : 김승현(2021).

[그림 2-10] 숙련 수준별, 산업별 취업자 수 증감 추이

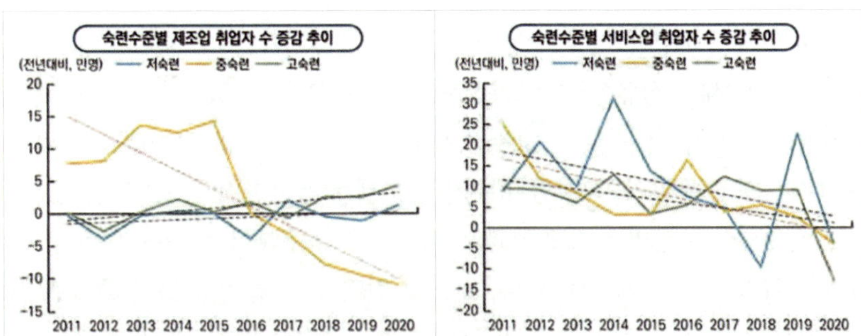

자료 : 김승현(2021).

취업자 수 증가 폭이 추세적으로 감소하였다.

ICT 기술 및 AI의 발전 등에 의한 디지털 전환은 새로운 일자리를 창출하는 것으로 알려져 있다. [그림 2-11]은 고용보험에 가입된 피보험자 수를 이용하여 디지털 전환 기반 기술 관련 산업의 인력 동향을 나타낸다(한국고용

[그림 2-11] 디지털 전환 기반 기술 관련 고용보험 피보험자 수 추이

(단위 : 만 명)

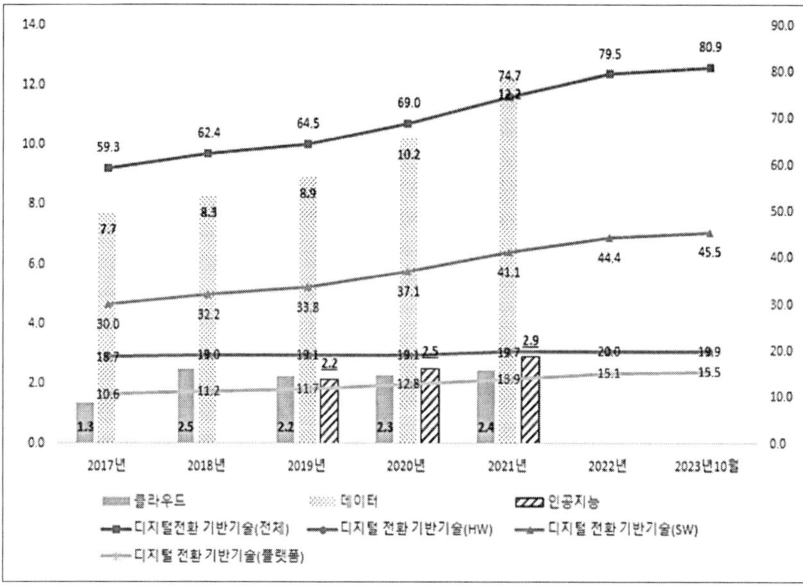

자료: 한국고용정보원(2023).

정보원, 2023).[10] 그림에서 알 수 있듯이 디지털 전환 기반 기술 전체의 인력이 꾸준히 증가하는 추세를 나타내고 있으며, 특히 데이터산업의 인력이 빠른 속도로 늘어나고 있는 모습을 볼 수 있다. 향후 이러한 데이터 전환 기반 기술 관련 인력은 꾸준히 증가할 전망이다.

한편, 기술의 발전으로 인해 플랫폼 경제가 확산되면서 프리랜서와 긱 워커(gig worker)의 고용이 증가하고 있다. 플랫폼 기반 일자리는 배달, 운송, IT 관련 업무 등에서 많이 창출되고 있으며 이는 전통적인 고용형태와는 다른 모습을 나타내고 있다. 플랫폼 노동자들은 고용보험에 가입하지 않는 경우가 많은데, 이들의 고용 규모 변화를 〈표 2-3〉에 나타낸다. 2023년 플랫폼 종사자는 88.3만 명으로 2021년 66.1만 명에 비해 33.6% 증가하며 큰 폭의 증가를 나타내고 있다. 이러한 증가세는 앞으로도 지속적으로 확대될 것으로 전망된다.

10) 다만, 고용보험 자료의 특성상 프리랜서 등 비상용직 수치가 집계되지 않는 한계가 존재한다.

〈표 2-3〉 플랫폼 종사자 규모 변화

(단위 : 천 명, %)

	15~69세 취업자수	광의의 플랫폼 종사자[11]	협의의 플랫폼 종사자
2021	25,885 (100.0)	2,197 (8.5)	661 (2.6)
2022	26,532 (100.0)	2,919 (11.0)	795 (3.0)
2023	26,711 (100.0)	3,035 (11.4)	883 (3.3)

자료 : 박보람(2024); 한국고용정보원(2023).

이하에서는 기술 혁신이 향후 노동시장에 미치는 영향에 대한 전망에 대해 살펴본다. 세계경제포럼(WEF)에서는 2016년부터 2년마다 일자리의 미래 보고서(Future of Jobs Report)를 발행하고 있으며, 2023년에는 제4판을 발간하였다.[12] 해당 보고서는 향후 5년간(2023~2027) 일자리 변화에 대해 전 세계 883개 글로벌 기업 경영진을 대상으로 설문조사를 실시했으며, 주요 내용으로 노동시장에 영향을 미치는 거시 트렌드 및 기술 동향, 향후 고용 전망, 기업의 인적자원 혁신 전략 등이 포함되었다. 보고서는 향후 5년간 총 6,900만 개의 새로운 일자리가 생겨나고, 8,300만 개의 일자리가 대체됨으로써 순 일자리는 감소할 것으로 전망했다. 또한 [그림 2-12]에서 볼 수 있듯이 향후 5년간 고용에 긍정적인 영향을 미칠 것으로 예상되는 거시 트렌드로는 기후변화와 관련된 투자, ESG 표준의 광범위한 적용, 현지화되는 공급망, 첨단기술의 도입 등을 꼽았으며, 부정적인 영향의 트렌드로는 전 세계 경제 성장 둔화, 공급 부족 및 요소비용 상승, 인플레이션 등을 들었다.

한편, 기업들이 새로운 기술을 도입함에 따라 자동화되는 업무의 비율은 점차 증가하고 있다. 일자리의 미래 보고서에서 인간의 노동과 기계가 전체 업무를 수행하는 비율을 조사한 결과 2023년에는 기계의 업무수행 비율을

---

11) 광의의 플랫폼 종사자는, 지난 3개월 동안 스마트폰 앱(어플)이나 웹사이트 등의 온라인 플랫폼의 중개 또는 알선을 통해 일감을 얻고 고객에게 서비스(용역)를 제공하여 수입을 얻은 적이 한 번이라도 있습니까?라는 문항에 '그렇다'고 응답한 자를 의미.

12) 2016년(제1판), 2018년(제2판), 2020년(제3판)에 이어 2023년에 제4판 발간.

[그림 2-12] 고용에 영향을 미칠 것으로 전망되는 거시 트렌드(2023~2027)

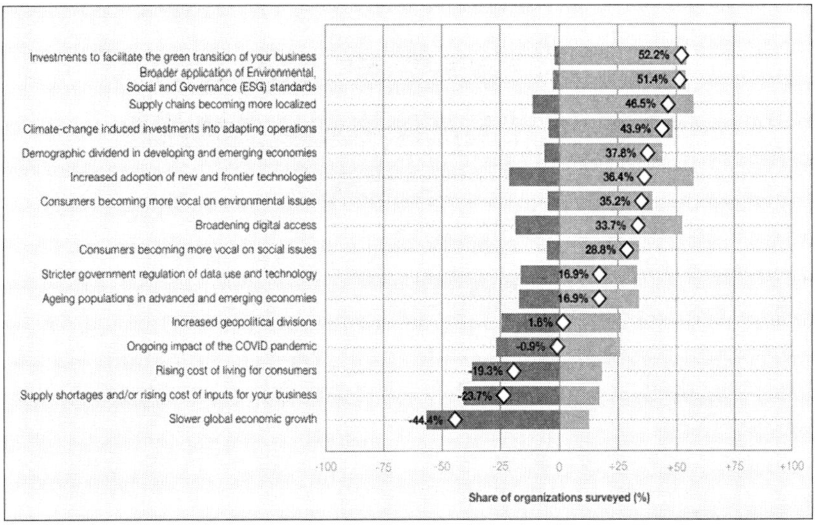

자료 : WEF(2023), "The Future of Jobs Report 2023".

34%, 사람의 업무 비율을 66%로 추정하였다. 그러나 기계가 인간 노동을 대체하는 비율의 증가 속도는 이전 조사에서보다 둔화되고 있으며, 향후 전망도 다소 완화된 것으로 나타났다.[13] 한편, 기술 혁신으로 인해 변화하는 미래에 대해 기업들은 어떤 인적자원 전략을 생각하고 있는지 [그림 2-13]에서 볼 수 있다. 기업들은 향후 인적자원 전략으로 교육훈련 투자, 업무 자동화 공정의 가속화, 직무전환, 업무의 아웃소싱 등을 우선순위로 판단하는 것으로 나타났다. 반면, 현재 재직 중인 직원에 대한 감축은 고려 대상에서 가장 낮은 수준을 기록하며 기존 인재의 육성 및 활용에 대해 긍정적인 모습을 보였다.

다음으로, 〈표 2-4〉는 WEF 조사 결과(2023)에서 제시된 기술 발전 등에 따라 향후 수요가 증가하거나 감소할 것으로 전망되는 직업을 각 10개씩 나타낸다. 수요가 증가할 것으로 전망되는 직업에는 AI, 지속가능성, 데이터 관련 분석 또는 연구직들이 중심을 이루고 있다. 반면, 단순한 직무가 주를 이루는 직업들은 수요가 줄어들 것으로 전망되었다.

13) 2025년 전망치에 대해 2020년 조사에서는 47%의 자동화를 예상했으나, 2023년 조사에서는 42%로 감소했다.

[그림 2-13] 향후 인적자원 전략(2023~2027)

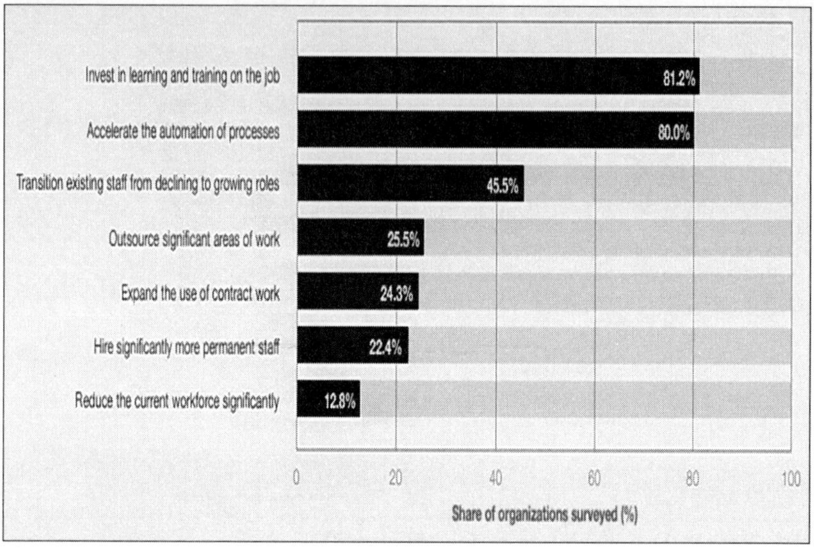

자료 : WEF(2023), "The Future of Jobs Report 2023".

〈표 2-4〉 향후 수요 증가 또는 감소 전망 직업(2023~2027)

순위	증가하는 직업	감소하는 직업
1	AI 및 기계 학습 전문가	은행 창구 업무 관련 직원
2	지속가능성 전문가	우편 서비스 직원
3	사업 정보 분석가	계산원 및 티켓 사무원
4	정보 보안 분석가	데이터 입력 직원
5	핀테크 엔지니어	행정 및 사무 비서
6	데이터 분석가 및 과학자	자재 기록 및 재고 보관 담당자
7	로봇 엔지니어	회계, 장부기록 및 급여 사무원
8	빅데이터 전문가	가전제품 설치 및 수리기사
9	농업용 장비 운전원	입법자 및 공무원
10	디지털 전환 전문가	통계, 금융 및 보험 사무원

자료 : WEF(2023), "The Future of Jobs Report 2023".

제4절 소 결

본 장에서는 기술 혁신의 개념, 종류 및 발전단계에 대한 이론적 틀을 제시하고, 현재의 기술 혁신 수준에 대한 평가와 함께 사회·경제적으로는 어떤 영향을 미치고 있는지에 대해 개괄했다. 또한, 이러한 기술 혁신이 진행 중인 노동시장의 현황과 전망에 대해 살펴봤다.

조셉 슘페터에 의해 제시된 기술 혁신의 개념은 기술의 발전이 단순히 새로운 기술의 도입을 넘어 기존의 제품 및 서비스, 생산방식 등을 새로이 조립하거나, 기존에 존재하지 않던 기술을 발명함으로써 경제적 사회적 가치를 창출하는 과정을 의미한다. 기술 혁신은 기존의 기술과 산업을 개선 및 대체하고, 이를 통해 경제구조와 노동시장의 변화를 촉발한다. 따라서 기술 혁신은 경제성장의 주요 원천이자 시장의 경쟁력을 유지하는 핵심 요소로 작용한다. 기술 혁신의 유형은 새로운 제품의 개발, 새로운 생산공정의 도입, 새로운 시장 개척, 새로운 원재료 또는 중간재 공급원 개발, 새로운 산업 조직의 도입 등의 5가지로 나눌 수 있다. 최근 주로 언급되는 기술 혁신은 신제품의 개발로 인한 제품 혁신과 신규 생산공정의 도입으로 인한 공정혁신을 들 수 있다. 이러한 기술 혁신은 산업 구조를 개편하고, 노동시장에도 산업 구조 개편에 따른 신규 노동수요의 발생 및 기존 노동수요의 감소와 같은 변화를 일으킨다.

과학 기술의 발전은 첨단산업의 경쟁력을 강화하는 주요 요소이기 때문에 각 국가는 이들에 대한 투자 확대 및 경쟁력 확보를 위한 제도적 장치를 마련하고 있다. 기술 혁신과 관련된 객관적인 평가를 위해 측정 지표들이 개발되었으며, 이를 이용한 평가를 통해 기술 혁신의 현황에 대해 살펴봤다. 한국의 혁신역량지수는 OECD에 가입한 36개국을 대상으로 한 연구에서 5위를 차지하며 높은 수준을 나타냈다. 항목별로 구분하여 봤을 때는 자원과 활동 부문에서 상위권에 위치하였으나, 네트워크 부문과 환경 부문에서 낮은 순위를 기록했다. 특히, 국제 협력과 지원제도 부문의 개선이 필요한 것으로 보인다. 한편, 국내 기업 대상 혁신 조사에서는 제조업과 서비스업 모두 최근 10년간 혁신활동을 하는 기업 비중이 증가한 것으로 나타났으며, 제조업의 혁신활동률과 R&D활동률이 서비스업에 비해 상대적으로 높은 것으로 나타났다.

기술 혁신의 사회 · 경제적 영향에 대한 연구에서는 긍정적, 부정적인 모습이 모두 존재하는 것으로 나타났다. 긍정적인 측면으로는 생산성 향상과 새로운 시장 창출을 통한 경제성장 및 국제 경쟁력 강화를 들 수 있고, 부정적인 측면으로는 자동화와 로봇 도입 등으로 인한 저숙련 중심의 고용 감소와 소득 불평등의 심화를 초래할 수 있는 연구 결과들이 존재했다.

이와 같이 기술 혁신은 노동시장에서 복합적인 모습을 나타낸다. 숙련수준별로 고용에 미치는 영향을 살펴본 결과, 자동화, 로봇 도입, AI 기술 등은 고숙련 일자리를 늘렸으나 저숙련 및 중숙련 일자리를 감소시키는 추세가 나타난 현상을 확인할 수 있었다. 한편, 고용보험 DB를 이용하여 디지털 전환 기반 기술 인력 현황을 살펴보면 관련 인력들이 꾸준히 증가하는 추세에 있음을 알 수 있다. 이와 더불어, 플랫폼 종사자의 규모 역시 마찬가지로 큰 폭의 증가를 나타내고 있으며 이러한 증가세는 향후에도 꾸준히 증가할 것으로 보인다. 향후 기술 혁신과 관련하여 노동시장에서 순 일자리가 감소할 것으로 전망하는 의견들이 존재하지만, 기업들은 교육훈련에 대한 투자, 직무 전환 등 기존 인재의 육성 및 활용에 대해 긍정적인 모습을 보이고 있다.

향후 기술 혁신의 영향을 긍정적으로 극대화하기 위해서는 다음의 정책 제언을 고려해 볼 수 있다. 첫째, 노동자들이 기술 변화에 적응할 수 있도록 재교육과 직업훈련 프로그램을 강화해야 한다. 특히, 디지털 기술에 대한 접근성의 차이로 인해 발생하는 불평등 완화를 위해 포괄적인 기술 교육도 함께 제공해야 할 필요성이 있다. 둘째, 기술 혁신으로 인해 발생가능한 고용 불안과 소득 불평등을 완화하기 위한 사회안전망을 개선하고 사각지대에 위치하는 노동자들을 포용할 수 있는 제도가 보완되어야 한다.

제 3 장
로봇 도입과 지역노동시장

제1절 연구 배경

최근 기술 혁신이 산업 전반에 걸쳐 빠르게 진행되면서, 로봇과 자동화 기술의 도입이 전 세계 노동시장에 큰 변화를 일으키고 있다. 특히 이러한 변화는 로봇 도입의 대부분을 차지하는 제조업뿐만 아니라, 지역경제의 수요 변화로 인하여 서비스업 등 비제조업까지 그 영향이 확대되고 있다. 이에 따라 로봇이 노동생산성을 향상시키고 운영비용을 절감시켜 임금과 일자리를 늘릴 것이라는 기대와 동시에, 로봇 도입이 직무를 대체함으로써 고용 기회가 감소하고 이러한 파급효과가 비제조업에까지 미칠 것이라는 우려가 제기되고 있다.

로봇 도입이 노동시장에 미치는 영향에 대한 논의는 선진국을 중심으로 활발히 진행되었지만, 로봇 도입 속도가 가장 빠른 우리나라에서의 로봇 도입 효과는 명확히 규명되지 않고 있다. 특히, 기존 연구의 경우 시군 혹은 시군구와 같은 행정구역을 지역노동시장으로 설정하고 분석하여, 로봇의 효과 크기가 과소 평가되었을 가능성이 높다. 이에 본 연구는 통근 패턴을 이용하여 설정한 지역노동시장권을 단위로 로봇의 도입이 지역별 노동시장에 미치는 영향을 분석함으로써, 우리나라에서의 로봇 도입 효과에 대한 실증적인 증거를 제공하고자 한다. 특히, 고용과 임금에 미치는 효과를 산업별로 제시할 뿐만 아니라, 연령 및 학력별 이질적 효과를 분석하여 우리나라는 현재 로봇 도입에 어떻게 적응하고 있는지 설명하고자 한다.

본 장은 다음과 같이 구성된다. 연구 배경에 이어 제2절에서는 로봇 도입에 대한 국내외 관련 연구를 소개하고, 제3절에서는 로봇 도입이 노동시장에 미치는 효과를 식별하기 위한 방법론과 식별 가정을 검증한다. 제4절에서는 분석을 위해 사용한 데이터를 간략히 소개한 뒤, 관련 기술 통계를 제시한다. 제5절에서는 로봇 도입이 노동시장에 미친 영향을 산업별, 연령별, 학업별로 소개한 뒤, 제6절에서는 로봇 도입이 노동 공급에 미친 영향과 제조업의 로봇 도입이 미친 영향을 자세히 들여다보고자 한다. 마지막 제7절에서는 연구 결과를 요약한 뒤 정책적 시사점을 제시한다.

제2절 관련 연구

이론적으로 기술 혁신은 생산성 향상을 통해 노동시장에 임금 상승과 일자리 창출을 일으킨다. 로봇 도입과 자동화 또한 이러한 생산성 향상을 통한 임금 상승 및 많은 일자리 창출이 기대되지만, 반대로 기계들이 노동력을 대체함으로써 나타나는 대체 효과 또한 우려되고 있다. 이에 따라 많은 연구에서 기술 혁신이 노동시장에 미치는 긍정적 영향과 대체 효과로 인한 부정적 영향을 비교하며, 그 결과가 노동시장에 어떤 영향을 미치는지에 대해 집중하고 있다.

여기에 가장 대표적인 연구는 Acemoglu and Restrepo(2020)이다. 그들은 1990년과 2007년 사이 미국의 로봇 도입 증가가 노동시장에 미치는 영향에 관해 연구하였는데, 로봇 도입 증가는 유의미한 수준의 일자리와 임금을 감소시켰으며, 특히 반복적인 육체노동에 종사하는 사람이 많은 지역에서 그 효과가 큰 것으로 나타났다. Graetz and Michaels(2018)의 경우 이러한 분석에 17개국 데이터를 이용한 결과, 로봇 도입은 생산성을 향상시켜 임금을 상승시키는 것으로 나타났다. 그러나 고용에 미치는 영향은 산업별로 이질적인 것으로 나타났는데, 몇몇 산업들에서는 고용 감소가 나타났지만, 서비스 관련 산업들의 고용은 오히려 증가하는 것으로 나타났다. 이는 로봇 도입으로 인한 생산성 향상 및 임금 상승에 의한 수요 증가 때문에 나타났다. Bessen(2019)은 미국의 통근권을 비교함으로써 로봇 도입의 효과를 분석하였는데, 특히 직업의 이동성이 낮은 지역에서 제조업에 부정적인 영향이 강하게 나타나는 것으로 나타났다. Eggleston et al.(2021)은 로봇 도입이 서비스업에 미치는 영향을 분석하기 위해 간병 산업을 분석한 결과, 로봇 도입으로 인해 고용은 증가하였지만 일의 강도가 줄어듦에 따라 임금은 감소하는 것으로 나타났다.

로봇 도입이 노동시장의 양극화를 더 심화시킨다는 연구로 대표적인 것은 Autor(2015)다. 그는 로봇 도입이 고숙련과 저숙련 노동수요는 상승시켰지만, 중숙련, 반복 작업의 노동수요는 오히려 감소시켰다고 밝혔다. 또한 임금의 경우, 로봇 도입으로 인해 저숙련 노동자의 임금은 그대로인 반면 고숙련 노동자 임금의 증가율은 높아짐에 따라 임금 불균형 또한 심화하는 것으로 나타났다. Goos et al.(2014) 또한 유럽의 로봇 도입은 중숙련 노동력의 수요 감소를 불러일으켰지만, 고숙련 노동수요는 오히려 증가하여 이들이 지식기반산업의 비중이 높은 도시로 몰린다는 것을 밝혔다.

로봇 도입이 노동시장에 미친 영향을 연구한 국내 연구는 이종관(2021)과 이환웅 · 강동익(2022), Kim(2024)이 있다. 이종관(2021)은 지역별고용조사를 활용하여 2010년부터 2019년까지 로봇 도입이 노동시장에 미치는 영향에 대해 분석하였다. 그 결과, 지역의 로봇 노출도가 높아짐에 따라 일자리 감소 효과가 있었으나, 그 효과는 Acemoglu and Restrepo(2020)에 비해 크지 않았고, 통계적으로도 유의하지 않았다. 그러나 산업 및 숙련도별로 로봇 효과를 분석한 결과, 제조업과 중숙련 고용이 특히 줄어든 반면에 서비스업이나 고숙련 고용은 증가하는 것을 알 수 있었다. 이는 앞서 Autor(2015)와 유사하게 로봇 도입으로 인해 노동시장의 양극화가 심화하고 있다는 것을 의미하고 있다. 이환웅 · 강동익(2022)은 전국사업체조사와 광업제조업조사를 활용하여 2001년부터 2018년까지 지역노동시장의 고용에 미치는 영향을 분석한 결과, 로봇 도입이 오히려 지역의 고용을 늘리는 사실을 발견했다. 로봇 도입이 다른 서구권 국가들과 다르게 고용에 긍정적인 영향을 미치는 이유로, 저자들은 해당 지역의 수출이 증가하였기 때문에 이에 따라 로봇 도입이 고용에 긍정적인 영향을 미쳤다고 지적하였다. 마지막으로 Kim(2024)은 로봇 도입이 노동수요에 미친 영향을 분석하였다. 2010년부터 2019년까지 워크넷의 구직 데이터를 분석한 결과, 제조업과 반복적인 직무의 경우 구직이 감소하는 것으로 나타났지만, 서비스업과 반복적이지 않은 직무의 경우 로봇 도입으로 인한 구직의 변화를 관찰할 수 없었다.

제3절 방법론

1. 방법론

본 연구는 로봇 도입 노출도가 높은 지역의 노동시장 변화와 낮은 지역의 변화를 비교함으로써, 로봇 도입으로 인해 지역 노동시장이 어떠한 방식으로 적응해 가고 있는지 살펴보았다. 이를 위해 사용한 방법은 연속 처치변수를 이용한 이중차분(Difference in Differences with continuous treatment)으로, Dauth et al.(2021)이 로봇 도입으로 인한 독일의 지역노동시장 변화를 분석한 방법과 동일하다. 구체적으로 사용한 회귀식(Regression equation)은 다음과 같다.

$$\Delta Y_{it} = \beta \cdot \Delta robot_{it}^{korea} + \gamma \cdot X_{it} + \delta_t + \epsilon_{it} \qquad \text{(회귀식 1)}$$

위의 식에서 사용한 $\Delta robot_{it}^{korea}$, X_{it}는 각각 지역 i, 기간 t의 로봇 도입 노출도, 지역 i 기간 t 첫해의 인구 및 경제적 특징을 뜻한다. 특히 X_{it}의 경우 각 기간 첫해 지역 i의 인구 및 경제적 특성을 통제 변수로 사용하였다. X_{it}의 지역 경제 특성으로는 고숙련 및 저숙련 제조업 고용 비중, 전국 산업 고용 변화율로 예측한 지역 고용 변화율[14], 지역 수입 노출도를 사용하였다.[15] 지역의 인구 특성으로는 25세 이하 인구 비중, 50세 이상 인구 비

14) 구체적으로 사용된 식은 $B_{i_t} = \sum_{j=1}^{19} \frac{emp_{i\,j2005}}{emp_{i\,2005}} \cdot \frac{\Delta emp_{jt}^{-i}}{emp_{j2005}^{-i}}$ 로, 지역 i를 제외한 전

중, 여성 인구 비중, 로그 인구 값을 사용하였다.

δ_t는 기간 고정 효과로, 여기에서 기간은 2005~2010, 2010~2015, 2015~2020, 세 기간을 의미한다.

본 절의 종속변수 ΔY_{it}는 기간별 고용률 변화, 로그 임금 변화, 로그 기대임금 변화, 그리고 경제활동참가율의 변화를 사용하여 노동시장의 변화를 다각도에서 살펴보았다.16) 지역의 로봇 노출도 $\Delta robot_{it}^{korea}$는 Dauth et al.(2021)과 같은 방식으로 다음과 같이 정의한다.

$$\Delta robot_{it}^{korea} = \sum_{j=1}^{19} \frac{emp_{ij2005}}{emp_{i2005}} \cdot \frac{\Delta robot_{jt}^{korea}}{emp_{j2005}} \quad (3\text{-}1)$$

$\Delta robot_{it}^{korea}$의 첫 번째 항은 2005년 지역 i에서 산업 j에 고용된 근로자 비중을 의미하고 두 번째 항 $\frac{\Delta robot_{jt}^{korea}}{emp_{j2005}}$는 기간 t동안의 2005년 근로자 1명당 로봇 도입 대수를 의미한다. 따라서 $\Delta robot_{it}^{korea}$는 기간 t동안의 산업별 로봇 변화량을 2005년 지역의 산업별 고용 비중으로 가중 평균한 값을 뜻한다. 예를 들어, 자동차 산업에서의 로봇 도입량이 다른 산업에 비해 많았다면, 자동차 산업의 고용 비중이 높은 울산 지역이 다른 지역에 비해 로봇 도입의 노출도$\Delta robot_{it}^{korea}$가 높다는 것을 의미한다.

회귀식 1에서의 관심 파라미터는 $\Delta robot_{it}^{korea}$의 계수인 β로 기간 효과와 지역의 인구 · 경제적 특징을 통제한 뒤 로봇 도입에 많이 노출된 지역과 적게 노출된 지역의 노동시장 성과 변화를 비교한 것을 뜻한다. β를 통해

국 산업 고용 변화율 $\frac{\Delta emp_{jt}^{-i}}{emp_{j2005}^{-i}}$을 2005년 지역의 산업별 고용 비중으로 가중 평균한 값을 뜻한다. B_{it}는 지역의 로봇 도입이 아닌, 산업의 고용 변화로 인해 변하는 노동시장의 변화를 통제하기 위해 통제 변수로 사용하였다.

15) 지역의 수입 노출도는 $Import_{it} = \sum_{j=1}^{19} \frac{emp_{ij2005}}{emp_{i2005}} \cdot \frac{\Delta Import_{jt}}{emp_{j2005}}$를 사용하여 구하였다. 이는 산업 j 종사자 1인당 우리나라 수입 변화를 2005년 지역의 산업별 고용 비중으로 가중 평균한 값을 뜻한다.

16) 본 장에서는 로봇 도입으로 인한 효과가 작을 것으로 추정되는 농업, 임업, 어업, 광업은 분석 대상에서 제외하였다.

로봇 도입이 증가함에 따라 로봇 도입이 고용을 대체하는지, 로봇 도입으로 생산성이 높아짐에 따라 임금 수준이 높아졌는지 등 다양한 가설을 검증할 수 있다.

회귀식 1의 β가 로봇 도입 효과의 불편 추정량이 되기 위해서는 시간 고정 효과 δ_t와 인구 · 경제적 특징 X_{it}를 통제한 후에 로봇 노출도 $\Delta robot_{it}^{korea}$와 지역 노동시장의 수요와 공급에 영향을 주는 관측 불가능한 변수 ϵ_{it}가 서로 독립적이라는 조건부 독립 가정(Conditional independence assumption)이 필요하다. 하지만 이러한 가정은 만족하지 않을 가능성이 높은데, 예를 들어 지역의 특정 산업의 수요 증가로 인해 로봇 도입과 고용이 증가하였다면, 이를 통제하지 않았을 때 추정된 $\hat{\beta}$은 로봇 도입의 효과보다 크게 나타날 것이다. 이는 회귀식 1에 포함되지 않은 변수로 인해 편의(omitted variable bias)가 양의 방향으로 나타날 것이고, 따라서 이에 따라 추정된 $\hat{\beta}$는 편의 추정량(Biased estimate)일 것이다.

이러한 누락 변수 편의를 제거하기 위해 본 연구에서는 다음과 같은 발틱 도구 변수(Bartik instrument variable)[17]를 사용하였다.

$$\Delta robot_{it}^{other} = \sum_{j=1}^{19} \frac{emp_{ij2000}}{emp_{i2000}} \cdot \frac{\Delta robot_{jt}^{other}}{emp_{j2000}} \tag{3-2}$$

발틱 도구 변수로 사용된 $\Delta robot_{it}^{other}$와 $\Delta robot_{it}^{korea}$의 차이는 첫째, 우리나라의 산업별 로봇 도입 대신 우리나라와 로봇 도입 양상이 유사한 대만, 말레이시아, 싱가포르의 로봇 변화량$\Delta robot_{jt}^{other}$을 사용하였고, 둘째, 2005년의 산업별 고용 비중 대신 분석 기간 이전인 2000년 고용 비중을 사용하여 외생성을 확보하고자 하였다. 특히 대만, 말레이시아, 싱가포르 등 타 국가에서의 로봇 도입은 우리나라의 다른 비관측 변수들과 상관관계가 있을 확률은 낮고(배제 제약 및 외생성, Exclusion restriction and exogeneity), 또한 로봇 기술의 발전으로 인하여 타 국가에서의 로봇 도입은 우리나라에서의 로봇 도입과 강한 상관관계를 맺을 확률이 크기 때문에(Strong

17) 발틱 도구 변수에 대한 자세한 설명은 Goldsmith-Pinkham et al.(2020)과 Borusyak et al.(2022)를 참조하길 바란다.

correlation in first stage regression) $\Delta robot_{it}^{other}$은 지역 로봇 노출도 $\Delta robot_{it}^{korea}$에 대한 적절한 도구 변수라고 할 수 있다. 이러한 방식의 도구 변수는 대중국 수입 증가의 효과를 추정하기 위해서(Autor et al., 2013; Dauth et al., 2014; Balsvik et al., 2015), 또는 로봇 도입(Acemoglu and Restrepo, 2020; Dauth et al., 2021; Anelli et al., 2024)으로 인한 지역 사회의 변화를 추정하기 위한 연구에서 많이 사용되었다. 따라서 본 연구에서는 $\Delta robot_{it}^{other}$를 $\Delta robot_{it}^{korea}$에 대한 도구 변수로 사용하여 2단계 최소 제곱 추정법(Two stage least squares estimation)을 통해 지역노동시장에 대한 로봇 도입 효과를 추정하였다.

분석에서 사용한 지역의 단위는 윤윤규 외(2012)가 제안한 지역노동시장권(Local labor market)을 시 · 군 단위로 수정하여 사용하였다.[18] 윤윤규 외(2012)는 지역노동시장권을 "노동 공급 측면에서의 구직활동과 노동수요 측면에서의 채용 활동 대부분이 일상적으로 이루어지는 공간적 영역"으로 정의하였다. 구체적으로, 통근 가능 지역을 분류 기준으로 설정하여 인구주택총조사 10% 표본의 통근 행렬을 이용해 우리나라를 총 134개의 지역노동시장권으로 나누었다.[19] 따라서 본 분석에서 사용한 지역노동시장권은 미국의 통근권(Commuting zone)과 유사하다고 볼 수 있다.

본 연구에서 지역 분석 단위로 이종관(2021)이 사용한 시 · 군 단위, 이환웅 · 강동익(2022)이 사용한 시 · 군 · 구 단위가 아닌 통근권 개념을 적용한 지역노동시장권을 사용하였다. 그 이유는 노동시장의 공급과 수요가 시 · 군 혹은 시 · 군 · 구 단위가 아닌 통근권 안에서 발생할 확률이 높기 때문이다. 실제로 수도권의 많은 사람이 서울로 출 · 퇴근을 하고 있고, 만약 이를 다른 노동시장으로 처리한다면, 이를 토대로 추정한 $\hat{\beta}$값은 타 노동시장에서의 로봇 도입 효과 또한 더해진 편의 추정량일 것이다. 따라서 본 연구의 추정값은 이러한 편의를 제거하였다는 면에서 의의가 있다.

---

18) 시 · 군 단위로 수정한 지역노동시장권을 사용하여 분석한 연구는 이종관(2019)이 있다.

19) 본 장에서 사용한 시 · 군 단위의 지역노동시장권은 총 130개이나, 2012년에 출범한 세종특별자치시의 경우 분석 대상에서 제외하였다. 사용한 지역노동시장권은 〈부표 3-1〉과 같다.

2. 식별 가정 검증

본 절에서는 앞서 살펴본 도구 변수를 통해 추정한 회귀식 1의 $\hat{\beta}$이 인과관계를 나타내기 위한 가정들을 검증하고자 한다.

이를 위해서 우선 회귀식 1의 내생변수인 $\Delta robot_{it}^{korea}$와 $\Delta robot_{it}^{other}$이 강한 상관관계를 가지고 있어야 한다. [그림 3-1]은 이 둘의 상관관계를 나타내기 위한 산포도(Scatter plot)를 그린 것이다. X축과 Y축은 각각 $\Delta robot_{it}^{other}$과 $\Delta robot_{it}^{korea}$를 나타낸 것이다. 예상과 같이 $\Delta robot_{it}^{other}$이 늘어날수록 $\Delta robot_{it}^{korea}$도 증가하는 모습을 보이고 있고, 이 둘은 강한 양의 선형 관계를 나타내고 있다. 구체적으로, 대만, 말레이시아, 싱가포르의 로봇 도입 대수를 사용한 지역 로봇 노출도가 1퍼센티지 포인트(ppts.) 증가할 때, 우리나라의 로봇 도입 대수를 사용한 지역 로봇 노출도는 0.84ppts. 증가하는 것으로 나타났다. 특히 이 계수의 t-통계값은 17.42로 상당히 크게 나타났다.

〈부표 3-2〉는 도구 변수로 추정한 회귀식 1의 1단계 추정 결과를 나타낸 것이다. $\Delta robot_{it}^{other}$이 1퍼센트 포인트 상승할 때마다 $\Delta robot_{it}^{korea}$은 0.72퍼센트 포인트 상승하는 것을 알 수 있었고, 1단계 추정식의 F-통계값은 128.2로 이는 약한 도구 변수 문제(weak instrument variable problem)를 발견하기 위해 관행적으로 사용되는 1단계 F-통계값인 10보다 충분히 크다고 할 수 있다(Stock and Yogo, 2005). 따라서 도구 변수를 이용한 2단계 추정법에서 필요한 내생변수와 도구 변수 간에 강한 상관관계는 존재한다고 볼 수 있다.

다음은 도구 변수의 외생성을 검증하기 위해서 2000년부터 2005년까지의 지역 고용률 변화와 도구 변수 간의 상관관계를 살펴본다. 만약 도구 변수가 지역의 관찰 불가능한 요소들과 관계없는 외생 변수라면, 2005~2010년, 2010~2015년, 2015~2020년 로봇 도입 대수를 사용한 도구 변수와 분석 이전 기간인 2000~2005년 지역 고용률의 변화(pre-trend)는 상관관계가 없어야 한다. 만약 이들의 상관관계가 존재한다면, 도구 변수와 지역의 지속적인 특성이 서로 연관되어 있다고 할 수 있다. 이러한 오류실험 검증

[그림 3-1] 내생변수 $\Delta robot_{it}^{korea}$와 도구 변수 $\Delta robot_{it}^{other}$ 간의 상관관계

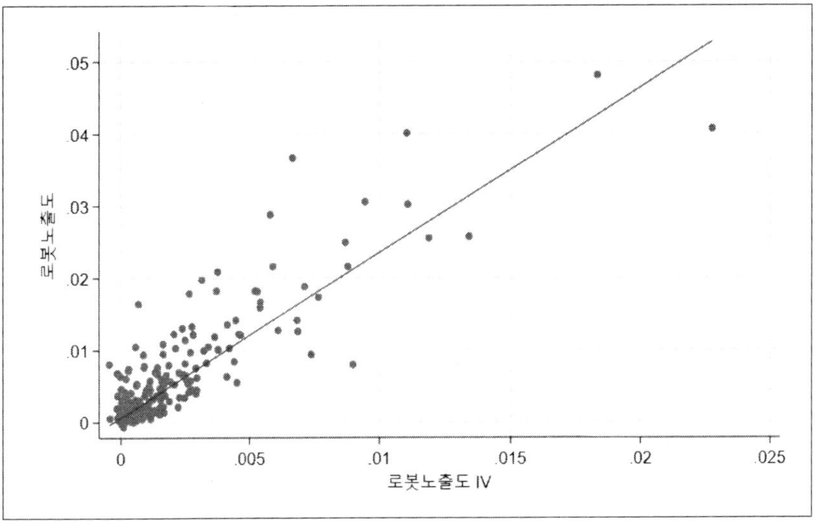

자료 : IFR 로봇 재고 데이터와 전국사업체조사 데이터를 사용하여 저자 작성.

[그림 3-2] 2000~2005년 지역 고용률의 변화와 도구 변수의 상관관계

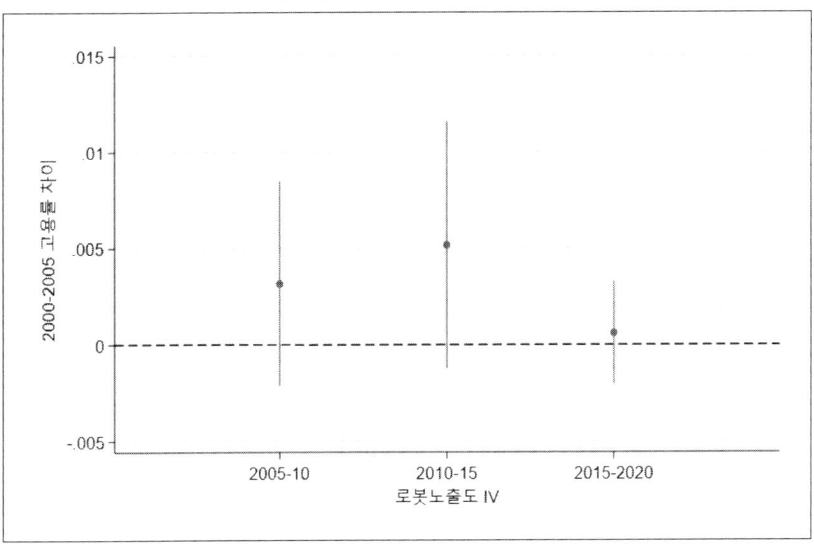

주 : [그림 3-2]는 각 기간의 도구 변수가 2000~2005년 지역의 고용률 변화에 미치는 영향과 90% 신뢰구간을 제시함. 제시된 결과 모두 고숙련 제조업 비중, 저숙련 제조업 비중, 예상 지역 고용 변화율, 수입 노출도, 25세 이하 비중, 50세 이상 비중, 여성 인구 비중을 통제하여 추정함.

자료 : IFR 로봇 재고 데이터와 전국사업체조사 데이터를 사용하여 저자 작성.

(Falsification test)를 하기 위해 2000~2005년 지역 고용률의 변화를 종속변수로, 각 기간의 도구 변수와 인구 · 경제적 특징을 독립변수로 사용하여 다중회귀분석을 실시하였다. 각 기간의 도구 변수의 계수와 90% 신뢰구간은 [그림 3-2]와 같다. 각 계수들은 모두 0에 가까웠고, 신뢰구간 모두 0을 포함하여 도구 변수와 지역 고용률 변화의 상관관계를 확인할 수 없었다. 이러한 결과는 고용률에 관한 다른 변수들을 종속변수로 사용하여도 마찬가지였다. 따라서 도구 변수가 지역의 관찰 불가능한 요소와 상관관계가 있다는 증거는 찾지 못하였다.

제4절 데이터 및 관련 기술통계

본 절에서는 분석 데이터를 간략하게 소개한 뒤, 관련 기술통계를 제시한다. 각 지역의 로봇 노출도는 국제로봇협회(International Federation of Robotics)의 국가별, 산업별 로봇 재고 데이터와 전국사업체조사를 사용하여 계산하였다.

종속변수로 사용한 지역의 고용률의 경우, 전국사업체조사와 인구주택총조사 2% 표본을 활용하였다. 전국사업체조사는 국내에 소재한 모든 사업체를 대상으로 매해 사업체의 기본적인 특성을 조사하고 있다. 따라서 모든 사업체의 종사자 수를 알 수 있다는 장점이 있으나, 사업체에 속해 있지 않은 프리랜서 종사자, 무점포 소매업 등의 종사자 수가 어느 정도인지는 파악할 수 없다. 이에 따라 로봇 도입으로 인하여 이들에 미치는 영향이 어느 정도인지는 전국사업체조사를 통해 확인할 수 없다. 이러한 점을 보완하기 위해 본 연구에서는 인구주택총조사의 경제활동상태 자료를 이용하여 고용률을 계산한 후 이를 종속변수로 활용하여 로봇 도입 증가로 인한 효과 추정치에 강건성을 더하고자 하였다.

로봇 도입이 임금과 노동 공급에 미치는 영향을 추정하기 위해 지역별고용조사의 하반기 조사를 활용하였다. 임금의 경우 지난 3개월간의 평균 월임금 정보와 평균 근로 시간을 이용하여 월 임금과 시간당 임금을 계산하여

[그림 3-3] 국가별 근로자 1,000명당 로봇 수

(단위 : 대)

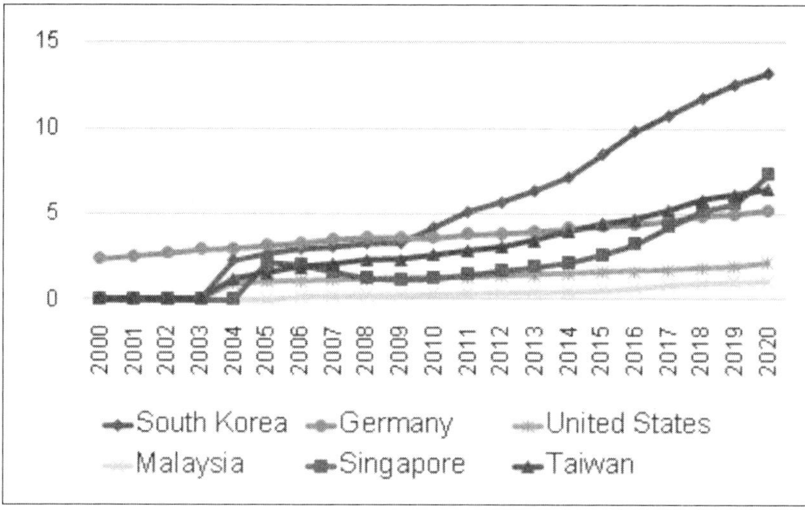

자료 : IFR Robot 데이터를 사용하여 저자 작성. 근로자 수의 경우 OECD Labour Force Statistics 2021과 World Bank Data, National Statistics, Republic of China (Taiwan) 자료를 활용함.

이에 대한 로그 값을 종속변수로 사용하였다. 노동 공급의 경우, 경제 활동 코드를 활용하여 지역 경제활동참가율을 종속변수로 사용하였다.

[그림 3-3]은 국가별 근로자 1,000명당 로봇 수를 연도별로 나타낸 것이다. 로봇 도입은 우리나라가 가장 빠르게 진행되었는데, 2005년 1,000명당 로봇 수는 2.66대였지만 2020년에는 2005년의 5배 수준인 13.17대를 사용하게 되었다. 다른 아시아 국가인 싱가포르(2005년 : 2.19대 → 2020년 : 7.29대)와 대만(2005년 : 1.50대 → 2020년 : 6.39대) 또한 로봇 도입의 속도가 상당히 빠르다고 할 수 있다. 미국과 독일 또한 2020년 근로자 1,000명당 2.13대와 1.09대로 이는 2005년 로봇 수의 약 2배 정도라고 볼 수 있다.

[그림 3-4]는 같은 기간 우리나라의 산업별 근로자 수와 제조업 비중을 나타낸 것이다. 2005년 345만 명이었던 제조업 종사자 수는 2020년 398만 명으로 약 50만 명 증가하였다. 그러나 같은 기간 비제조업 종사자 수는 1,164만 명에서 1,754만 명으로 약 600만 명 늘어나게 되었다.[20] 따라서 제조업

20) 2019년과 2020년을 비교해 보면 제조업과 비제조업 종사자 수가 모두 감소하

[그림 3-4] 우리나라 산업별 근로자 수

(단위 : 천 명, %)

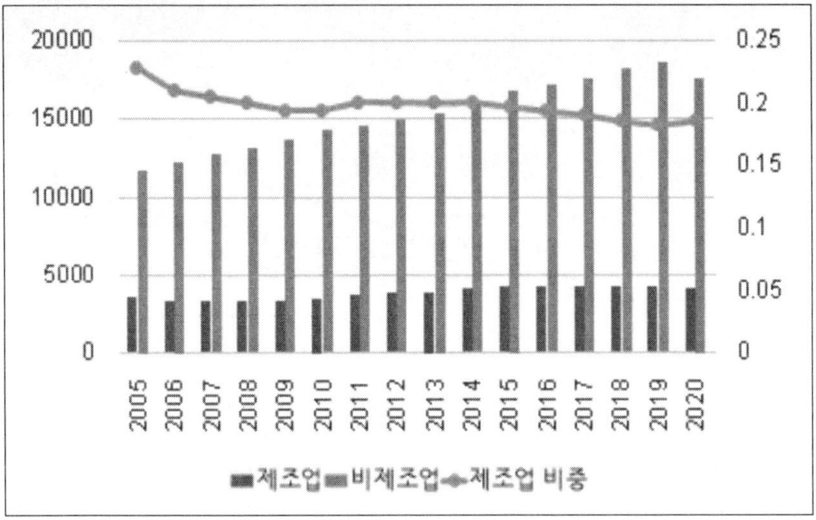

자료 : 전국사업체조사 데이터를 사용하여 저자 작성.

의 비중은 계속해서 감소하였는데, 2005년 제조업 비중은 22.9%에서 2020년 18.5%로 하락하게 되었다. 따라서 시계열 데이터로 살펴본 우리나라의 로봇 도입과 제조업은 서로 부(-)의 상관관계를 가지고 있다고 볼 수 있다.

[그림 3-5]는 2005년부터 2020년까지의 지역 로봇 노출도를 표시한 지도이다. 2005년부터 2020년까지 지역 로봇 노출도가 가장 높은 곳은 경기도의 수원권, 평택시, 이천시, 충청권의 아산시, 그리고 경북의 구미·칠곡권인 것으로 나타났다. 이에 반해 로봇 노출도가 가장 낮았던 곳은 강원도의 태백시, 삼척시, 전라권의 무주군, 신안군, 그리고 대구권인 것으로 나타났다.

〈표 3-1〉은 분석에서 사용한 종속변수와 독립변수의 평균 등 기술 통계를 나타낸 것이다. 2005년부터 2020년까지 고용률은 평균 8.14ppts. 증가하였는데, 이 중 비제조업의 고용률 증가는 7.69ppts.로 증가의 대부분을 차지하였다. 근로계약 기간을 기준으로 고용률의 변화를 살펴보면, 근로계약 기간이 1년 이상인 상용직 고용률은 이 기간 평균 5.26ppts. 증가하였고, 1년 미만인 임시 및 일용직 고용률은 1.28ppts. 증가하였다.

는 것을 볼 수 있는데 이는 코로나19로 인한 영향으로 볼 수 있다.

[그림 3-5] 2005~2020년 로봇 노출도 분포

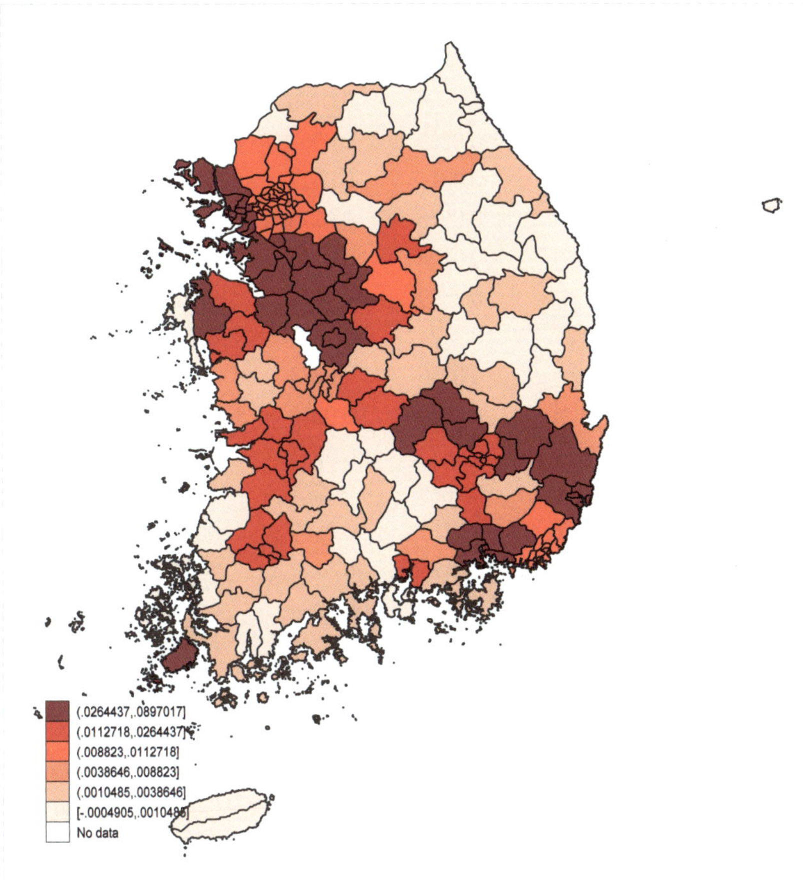

자료 : IFR 로봇 재고 데이터와 전국사업체조사 데이터를 사용하여 저자 작성.

임금의 경우 비제조업은 약 54% 증가하였고, 제조업의 경우 약 24% 증가하는 것을 알 수 있었다. 핵심 생산연령(Prime-age worker:25~49세)의 임금 변화를 학력별로 나누어 살펴보면, 고졸 이하의 임금 상승률이 초대졸 이상의 임금 상승률보다 큰 것으로 나타났다.

다음으로 주요 독립변수인 로봇 노출도를 살펴보면, 2005년부터 2020년까지 지역의 로봇 도입 대수는 근로자 1,000명당 평균 6.2대 늘어났다. 지역 로봇 노출도를 대만, 말레이시아, 싱가포르의 로봇 도입 대수를 이용하여 살펴보면, 같은 기간 근로자 1,000명당 평균 2.4대 늘어난 것을 알 수 있다.

〈표 3-1〉 주요 변수 기술통계

변수	종속변수			
	평균	표준편차	최솟값	최댓값
고용률 변화 : 제조업	0.0045	0.0169	-0.1018	0.1364
고용률 변화 : 비제조업	0.0769	0.0362	-0.0450	0.3717
고용률 변화 : 전산업	0.0814	0.0422	-0.1212	0.4142
고용률 변화 : 상용직	0.0526	0.0278	-0.1293	0.2849
고용률 변화 : 임시 일용직	0.0128	0.0145	-0.0654	0.2079
Δ로그 월임금 : 제조업	0.2389	0.1424	-0.1638	1.2688
Δ로그 월임금 : 비제조업	0.5424	0.4484	-0.1196	1.3416
고용률 변화 : 고졸 이하	0.0036	0.0273	-0.1835	0.1458
고용률 변화 : 초대졸 이상	0.0060	0.0212	-0.1807	0.1739
Δ로그 월임금 : 고졸 이하	0.4473	0.3372	-0.1565	1.2167
Δ로그 월임금 : 초대졸 이상	0.2685	0.2231	-0.0992	0.6962
고용률 변화 : 15~24세	-0.0162	0.0397	-0.2962	0.2394
고용률 변화 : 25~34세	0.0123	0.0294	-0.2677	0.3083
고용률 변화 : 35~44세	0.0086	0.0254	-0.1593	0.1426
고용률 변화 : 45~54세	0.0228	0.0275	-0.1872	0.1320
고용률 변화 : 55세 이상	0.0417	0.0391	-0.2132	0.2305
변수	통제변수			
	평균	표준편차	최솟값	최댓값
고숙련 제조업 비중	0.0349	0.0343	0.0000	0.2033
저숙련 제조업 비중	0.0377	0.0191	0.0081	0.2394
예상 지역 고용 변화율	0.0111	0.0027	0.0030	0.0259
수입 노출도	1,982	29,078	-522,501	747,144
25세 이하 비중	0.2876	0.0412	0.1202	0.3705
50세 이상 비중	0.3030	0.0846	0.1407	0.6742
여성인구 비중	0.5094	0.0085	0.4580	0.5554
로그 인구	14.4577	1.7832	9.1447	16.5254
변수	로봇 노출도			
	평균	표준편차	최솟값	최댓값
$\Delta robot_{it}^{korea}$	0.0062	0.0071	-0.0006	0.0481
$\Delta robot_{it}^{other}$	0.0024	0.0028	-0.0004	0.0227

자료 : 전국사업체조사, IFR Robot데이터, 인구주택총조사 2% 표본 및 지역별고용조사를 사용하여 저자 작성.

제5절 분석 결과

1. 산업별 고용 및 임금 효과

〈표 3-2〉는 (회귀식 1)과 같이 지역의 로봇 노출도가 생산가능인구 대비 고용률에 미친 영향을 전국사업체조사 자료를 통해 분석한 것이다. Panel A는 로봇 노출도의 내생성을 고려하지 않고 다중회귀분석을 한 결과를, Panel B는 타 국가의 로봇 도입을 도구 변수로 사용하여 지역 로봇 노출도가 고용률에 미친 영향을 나타낸 것이다. 우선 제조업에 미친 영향을 살펴보면, 로봇 노출도의 내생성을 고려하지 않았을 때 효과는 로봇 노출도 1 표준편차(근로자 1,000명당 로봇 6.6대)만큼 상승 시 고용률의 경우 0.66퍼센티지 포인트(ppts.) 상승하는 것으로 나타났다. 또한 도구 변수를 사용하여 내생성으로 인한 편의를 최대한 줄인 결과, 이 수치는 약 0.60ppts.인 것으로 나타나 로봇의 도입이 오히려 고용을 증가시키는 것으로 나타났다. 이는 로봇이 사람의 일자리를 대체할 것이라는 대체 효과(displacement effect)보다 로봇이 사람의 생산성을 향상시킴으로써 오히려 고용을 늘릴 것이라는 생산성 효과(productivity effect)가 더 크다는 것을 의미한다. 고용에 긍정적인 효과는 비제조업에서도 나타나는데, 로봇 노출도 1 표준편차 증가 시 비제조업의 고용률은 약 0.47ppts. 증가하는 것으로 나타났다. 이는 비제조업에서 또한 생산성 효과가 크게 나타날 뿐만 아니라, 제조업에서의 긍정적인 효과로 인한 파급효과(spillover effect)[21]가 비제조업에서의 고용에 긍정적인 효과로 작용하는 것을 의미한다. 제조업에서의 효과와 비제조업에서의 효과가 합쳐진 총 효과는 따라서 지역 로봇 노출도 1 표준편차당 약 1.07ppts. 증가하는 것으로 나타났다. 효과의 크기를 살펴보기 위해 2005년부터 2020년까지 로봇 도입 증가로 인한 효과를 계산한 결과, 로봇 도입으

21) 파급효과의 예로 제조업에서의 고용 증가가 식당 등 지역 서비스 산업의 수요 증가로 이어져 지역 비제조업 고용 증가로 이어질 수 있다.

로 인해 증가한 고용률은 총 약 2.98ppts.인 것으로 나타났다.[22] 이는 2005년 고용률의 평균 대비 약 7.6% 정도로 상당히 큰 수준으로 고용이 증가하는 것을 알 수 있다.

〈표 3-2〉 지역 로봇 노출도가 지역 고용률에 미치는 영향(전국사업체조사)

Panel A	OLS		
	제조업	비제조업	전체
로봇 노출도	0.00657***	0.00284*	0.00941***
	(0.00156)	(0.00156)	(0.00249)
Constant	-0.00348	0.435**	0.431**
	(0.0740)	(0.183)	(0.188)
R-squared	0.574	0.635	0.644
Mean in 2005	0.0812	0.312	0.394
Panel B	**IV**		
	제조업	비제조업	전체
로봇 노출도	0.00601***	0.00467*	0.0107***
	(0.00219)	(0.00265)	(0.00408)
Constant	-0.0106	0.458***	0.447**
	(0.0749)	(0.177)	(0.186)
Observations	387	387	387
R-squared	0.573	0.634	0.644
Mean in 2005	0.0812	0.312	0.394
First stage F	128.2	128.2	128.2

주 : 〈표 3-2〉는 지역의 로봇 노출도가 1 표준편차(근로자 1,000명당 6.6대) 증가하였을 때 지역 고용률에 미치는 영향을 제시함. 제시된 결과 모두 기간 고정효과, 고숙련 제조업 비중, 저숙련 제조업 비중, 예상 지역 고용 변화율, 수입노출도, 25세 이하 비중, 50세 이상 비중, 여성 인구 비중을 통제하여 추정하였고, 추정을 위해 다른 국가의 로봇 도입 대수를 도구 변수로 사용함. *, **, ***는 10%, 5%, 1% 수준에서 유의미한 영향인지를 나타냄.

자료 : 종속변수 - 전국사업체조사, 독립변수 - IFR Robot 데이터, 전국사업체조사, UN Comtrade 및 인구주택총조사 2% 표본.

22) 2005년부터 2020년까지 우리나라의 로봇 도입 수는 근로자 1,000명당 18.4대인 것으로 나타났다. 따라서 로봇 도입으로 늘어난 총 고용률은 $1.07 \times \frac{18.4}{6.6} = 2.98$인 것으로 나타났다.

〈표 3-2〉 추정치의 경우, 선택 편향(Selection bias)으로 인하여 실제 로봇 도입의 효과와 다를 수 있다. 여기서 사용한 전국사업체조사의 경우, 사업체에 속한 근로자만 자료에 포함되어 있어서 프리랜서, 계절 근로자 등 사업체에 속하지 않은 근로자들은 자료에 포함되어 있지 않다. 따라서 특히 사업체에 속해 있지 않은 서비스업 등의 비제조업의 추정치는 제조업 추정치에 비해 편향될 가능성이 높다. 〈표 3-3〉은 이러한 편의를 제거하기 위해 인구주택총조사를 이용하여 산업별 고용률에 미치는 효과를 추정하였다. 인구주택총조사의 경우, 조사 대상자의 근로 여부와 종사 산업을 자료에 포함하고 있으므로 특정 사업체에 속해 있지 않은 고용 또한 파악이 가능하다.

제조업의 경우, 로봇 노출도 1 표준편차 증가는 제조업 고용률을 약 0.7ppts. 증가시키는 것으로 파악되었고, 이는 〈표 3-2〉의 추정치와 유사하다고 볼 수 있다.[23] 그러나 비제조업의 경우, 지역의 로봇 노출도가 높아질수록 고용률이 약 0.14ppts. 감소하는 것으로 나타났다.[24] 이는 사업체에 종사하는 비제조업에는 로봇 도입 증가가 긍정적인 영향을 끼칠 수 있지만, 프리랜서, 계절 종사자 또는 사업체에 속해 있지 않은 서비스업 종사자의 고용에는 긍정적인 영향을 끼치지 않는다고 추측할 수 있다. 따라서 로봇 도입이 비제조업에 미치는 영향은 크지 않다고 할 수 있다.

다음은 로봇 도입으로 생겨난 일자리의 질을 살펴보기 위해 전국사업체조사를 이용하여 고용계약 기간이 1년 이상인 상용직 일자리와 1년 미만인 임시 · 일용직 일자리에 미친 영향을 나누어 살펴보았다. 〈표 3-4〉는 지역의 로봇 노출도가 상용직 고용률에 미친 영향을 나타낸 것이다. 제조업의 경우 로봇 노출도 1 표준편차만큼의 증가가 상용직 고용률을 약 0.53ppts. 증가시키는 것을 알 수 있었다. 이는 제조업 고용률 증가의 약 83%로 로봇 도입으로 늘어난 대부분의 일자리가 상용직 일자리인 것을 알 수 있었다. 비제조업의 경우 로봇 노출도의 증가로 인해 상용직 고용률이 약 0.27ppts. 증가하

23) 지역별고용조사의 2010년, 2015년, 2020년 자료를 분석한 결과, 제조업의 경우, 로봇 노출도 1 표준편차 증가는 0.37ppts.의 고용률을 증가시켰고, 이 추정치는 1% 수준으로 유의미한 것으로 나타났다.

24) 지역별고용조사를 분석한 결과, 로봇 노출도 1 표준편차 증가는 비제조업 고용률을 약 0.08ppts. 증가시키는 것으로 나타났다. 그러나 이 추정치는 통계적으로 유의미하지 않았다.

〈표 3-3〉 지역 로봇 노출도가 지역 고용률에 미치는 영향(인구주택총조사)

	지역의 산업별 고용률		
	제조업	비제조업	전체
로봇 노출도	0.00699*** (0.00140)	-0.00139 (0.00109)	0.00560*** (0.00144)
Constant	-0.0802 (0.0580)	-0.0151 (0.0663)	-0.0953 (0.0759)
Observations	387	387	387
R-squared	0.534	0.217	0.501
First stage F	128.2	128.2	128.2
Mean in 2005	0.0815	0.329	0.410

주: 〈표 3-3〉은 지역의 로봇 노출도가 1 표준편차(근로자 1,000명당 6.6대) 증가하였을 때 지역 고용률에 미치는 영향을 제시함. 제시된 결과 모두 기간 고정효과, 고숙련 제조업 비중, 저숙련 제조업 비중, 예상 지역 고용 변화율, 수입노출도, 25세 이하 비중, 50세 이상 비중, 여성 인구 비중을 통제하여 추정하였고, 추정을 위해 다른 국가의 로봇 도입 대수를 도구 변수로 사용함. *, **, ***는 10%, 5%, 1% 수준에서 유의미한 영향인지를 나타냄.

자료: 종속변수 - 인구주택총조사 2% 표본, 독립변수 - IFR Robot 데이터, 전국사업체조사, UNComtrade 및 인구주택총조사 2% 표본.

는 것을 알 수 있었다. 그러나 이는 통계적으로 유의미한 수준은 아니었고 비제조업 고용률 증가의 약 55% 정도인 것으로 나타나, 제조업에 비해 상용직 고용률 상승이 차지하는 비중이 낮은 것으로 나타났다. 따라서 제조업과 비제조업에서의 상용직 고용률 상승은 총 0.80ppts.인 것으로 나타났다.

〈표 3-5〉는 지역의 로봇 노출도가 임시·일용직 고용률에 미친 영향을 나타낸 것이다. 제조업의 경우 로봇 노출도 1 표준편차만큼의 증가가 상용직 고용률을 약 0.03ppts. 증가시키는 것으로 나타났지만, 이는 통계적으로 유의미한 증가는 아닌 것으로 드러났다. 그뿐만 아니라, 상용직 고용률 상승인 0.53ppts.보다 매우 낮은 수치로 로봇 도입으로 임시 및 일용직 고용은 제조업에서 늘어나지 않는다는 것을 알 수 있다. 로봇 도입으로 인해 임시 및 일용직 일자리가 아닌 상용직 일자리가 증가한다는 점은 제조업에서의 로봇 도입은 생산성 향상의 효과가 훨씬 크기 때문에 질 좋은 일자리가 증가한다고 추론할 수 있다. 그뿐만 아니라, 단순히 고용 증가보다 상용직 고용의 증

〈표 3-4〉 지역 로봇 노출도가 지역 상용직 고용률에 미치는 영향

	지역 상용직 산업별 고용률		
	제조업	비제조업	전체
로봇 노출도	0.00531** (0.00222)	0.00265 (0.00211)	0.00796** (0.00367)
Constant	-0.00675 (0.0711)	0.241* (0.124)	0.234* (0.138)
Observations	387	387	387
R-squared	0.564	0.605	0.615
Mean in 2005	0.0621	0.155	0.217
First stage F	128.2	128.2	128.2

주 : 〈표 3-4〉는 지역의 로봇 노출도가 1 표준편차(근로자 1,000명당 6.6대) 증가하였을 때 지역 상용직 고용률에 미치는 영향을 제시함. 제시된 결과 모두 기간 고정 효과, 고숙련 제조업 비중, 저숙련 제조업 비중, 예상 지역 고용 변화율, 수입 노출도, 25세 이하 비중, 50세 이상 비중, 여성 인구 비중을 통제하여 추정하였고, 추정을 위해 다른 국가의 로봇 도입 대수를 도구 변수로 사용함. *, **, ***는 10%, 5%, 1% 수준에서 유의미한 영향인지를 나타냄.

자료 : 종속변수 - 전국사업체조사, 독립변수 - IFR Robot 데이터, 전국사업체조사, UN Comtrade 및 인구주택총조사 2% 표본.

가는 로봇 도입으로 인해 제조업에서 생산성 향상이 되었다는 점을 더욱 강력하게 뒷받침하는 증거로 해석될 수 있다.

이에 반해 비제조업의 경우 로봇 도입으로 임시 및 일용직 고용률이 약 0.23ppts. 상승하는 것을 알 수 있다. 이 수치는 상용직 고용률 증가보다는 낮지만, 통계적으로 유의미한 증가인 것으로 나타났다. 이러한 결과는 로봇 도입으로 인하여 비제조업에 나타난 효과는 크지 않다는 것을 재확인한 것이라고 할 수 있다.

제조업과 비제조업에서의 로봇 도입으로 증가한 임시 및 일용직 고용률은 총 0.26ppts.로, 2005년 임시 및 일용직 고용률의 약 6% 정도가 로봇 도입으로 증가한 것을 알 수 있다.

〈표 3-6〉은 지역의 로봇 노출도가 임금[25]에 미친 영향을 지역별고용조사 자료를 활용하여 분석한 것이다. 지역별고용조사의 경우 2008년부터 조사

25) 임금의 경우 2020년 물가 수준으로 통일하여 계산하였다.

〈표 3-5〉 지역 로봇 노출도가 지역 임시 및 일용직 고용률에 미치는 영향

	지역 임시 및 일용직 산업별 고용률		
	제조업	비제조업	전체
로봇 노출도	0.000258 (0.000269)	0.00230*** (0.000588)	0.00255*** (0.000535)
Constant	0.00549 (0.0118)	0.176*** (0.0575)	0.181*** (0.0582)
Observations	387	387	387
R-squared	0.177	0.459	0.486
Mean in 2005	0.00830	0.0355	0.0438
First stage F	128.2	128.2	128.2

주 : 〈표 3-5〉는 지역의 로봇 노출도가 1 표준편차(근로자 1,000명당 6.6대) 증가하였을 때 지역 임시 및 일용직 고용률에 미치는 영향을 제시함. 제시된 결과 모두 기간 고정 효과, 고숙련 제조업 비중, 저숙련 제조업 비중, 예상 지역 고용 변화율, 수입 노출도, 25세 이하 비중, 50세 이상 비중, 여성 인구 비중을 통제하여 추정하였고, 추정을 위해 다른 국가의 로봇 도입 대수를 도구 변수로 사용함. *, **, ***는 10%, 5%, 1% 수준에서 유의미한 영향인지를 나타냄.

자료 : 종속변수 - 전국사업체조사, 독립변수 - IFR Robot 데이터, 전국사업체조사, UN Comtrade 및 인구주택총조사 2% 표본.

가 시작됐기 때문에, 임금의 경우 2010년, 2015년, 2020년 자료를 분석하여 결과를 제시하였다. 제조업의 경우 로봇 노출도 1 표준편차 증가 시 월 급여는 약 1.85% 상승하는 것으로 나타났다. 이는 2020년 물가 기준 약 2.9만 원으로, 제조업의 경우 질 좋은 일자리의 증가뿐만 아니라 급여 또한 상승하는 것으로 나타났다. 시간당 급여의 경우 약 1.63% 증가하였지만, 이는 통계적으로 유의미한 수준은 아닌 것으로 나타났다.

비제조업의 경우 월 급여는 약 0.86% 증가하는 것으로 나타나, 제조업의 월 급여 상승 폭보다 낮은 것을 알 수 있다. 시간당 급여 또한 약 1.21% 증가하는 것으로 나타났는데, 이는 비제조업의 경우 임시 및 일용직 일자리의 증가로 인하여 시간당 급여의 상승이 더 빠르게 나타난 것으로 추측할 수 있다. 또한 비제조업의 급여 상승은 로봇 도입의 파급효과로 인해 지역의 서비스업 수요 상승에 기인한 것으로 예상된다.

〈표 3-6〉 지역 로봇 노출도가 급여에 미치는 영향(15~64세)

	제조업		비제조업	
	월 급여	시간당 급여	월 급여	시간당 급여
로봇 노출도	0.0185*	0.0163	0.00855	0.0121**
	(0.0108)	(0.0113)	(0.00754)	(0.00513)
Constant	-0.877	-1.606**	-0.818	-0.912*
	(0.695)	(0.751)	(0.639)	(0.476)
Observations	258	258	258	258
R-squared	0.667	0.497	0.977	0.846
First stage F	95.15	95.15	95.15	95.15
Mean in 2010	158.5	0.821	79.31	0.749

주 : 〈표 3-6〉은 지역의 로봇 노출도가 1 표준편차(근로자 1,000명당 6.6대) 증가하였을 때 로그 임금에 미치는 영향을 제시함. 제시된 결과 모두 기간 고정효과, 고숙련 제조업 비중, 저숙련 제조업 비중, 예상 지역 고용 변화율, 수입노출도, 25세 이하 비중, 50세 이상 비중, 여성 인구 비중을 통제하여 추정하였고, 추정을 위해 다른 국가의 로봇 도입 대수를 도구 변수로 사용함. *, **, ***는 10%, 5%, 1% 수준에서 유의미한 영향인지를 나타냄.

자료 : 종속변수 - 지역별고용조사, 독립변수 - IFR Robot 데이터, 전국사업체조사, UN Comtrade 및 인구주택총조사 2% 표본.

따라서 로봇 도입의 증가는 고용의 증가뿐만 아니라 급여 또한 올라가는 것이 관찰되었지만, 산업별로 늘어나는 일자리의 종류와 급여의 상승 정도가 이질적이라는 것 또한 확인할 수 있었다.

2. 연령 및 학력별 고용 및 임금 효과

다음은 로봇 도입이 고용률에 미친 영향이 연령별로 어떻게 다른지 살펴보기 위해 인구주택총조사(2% 표본)를 활용하여 분석하였다. 〈표 3-7〉은 지역의 연령별 고용률에 미친 영향을 나타낸 것이다. 우선 생산가능인구(15~64세)의 고용률은 지역의 로봇 노출도 1 표준편차 상승 시 0.22ppts. 증가하는 것을 알 수 있다. 이는 전국사업체조사의 추정치인 1.07ppts.보다 낮지만 두 조사 모두에서 로봇 도입으로 인해 고용률이 상승하는 것을 알 수 있었다. 다음으로 로봇 도입이 고용률에 미친 영향을 세부 연령별로 살펴본 결과 15세에서 24세의 경우 0.29ppts. 증가, 25세에서 34세의 경우 0.68 ppts. 증가, 35세에서 44세의 경우 0.31ppts. 증가하는 것을 알 수 있었다. 특히 15세에서 24세의 고용률이 상승한 점은 이들이 대학 진학 대신에 취업을 선택한 것으로도 해석할 수 있다. 이는 이후 로봇 도입으로 대학 프리미엄(대졸과 고졸의 노동시장 격차)이 어떻게 바뀌었는지, 그리고 직접적으로 지역의 대학 진학률이 어떻게 바뀌었는지 살펴볼 것이다. 이와 반대로 45세

〈표 3-7〉 지역 로봇 노출도가 연령별 고용률에 미치는 영향

	지역 연령별 고용률		
	15~64	15~24	25~34
로봇 노출도	0.00221*	0.00291*	0.00684***
	(0.00120)	(0.00170)	(0.00263)
Constant	0.0171	-0.0407	0.00578
	(0.0833)	(0.101)	(0.112)
R-squared	0.454	0.627	0.068
Mean in 2005	0.648	0.193	0.653
First stage F	128.2	128.2	128.2
	35~44	45~54	55세 이상
로봇 노출도	0.00319*	-0.00368**	-0.00220
	(0.00179)	(0.00185)	(0.00371)
Constant	0.0507	0.0363	0.0603
	(0.103)	(0.111)	(0.206)
Observations	387	387	387
R-squared	0.318	0.424	0.444
Mean in 2005	0.755	0.769	0.676
First stage F	128.2	128.2	128.2

주 : 〈표 3-7〉은 지역의 로봇 노출도가 1 표준편차(근로자 1,000명당 6.6대) 증가하였을 때 지역 연령별 고용률에 미치는 영향을 제시함. 제시된 결과 모두 기간 고정 효과, 고숙련 제조업 비중, 저숙련 제조업 비중, 예상 지역 고용 변화율, 수입 노출도, 25세 이하 비중, 50세 이상 비중, 여성 인구 비중을 통제하여 추정하였고, 추정을 위해 다른 국가의 로봇 도입 대수를 도구 변수로 사용함. *, **, ***는 10%, 5%, 1% 수준에서 유의미한 영향인지를 나타냄.

자료 : 종속변수 - 인구주택총조사 2% 표본, 독립변수 - IFR Robot 데이터, 전국사업체조사, UNComtrade 및 인구주택총조사 2% 표본.

에서 54세의 고용률은 오히려 0.37ppts. 감소하였고, 55세 이상의 경우 0.22ppts. 감소하는 것으로 나타났으나 통계적으로 유의미하지는 않았다. 로봇 도입이 젊은 층과 반대로 중·장년층의 일자리를 감소시키는 것은 연령별로 로봇 도입에 적응하는 능력이 서로 다르다는 것을 시사할 수 있다.

다음은 로봇 도입이 고용시장에 미친 영향을 학력별로 살펴보았다. 특히 학력별 노동시장 효과가 중요한 이유는 직접적으로 노동시장의 학력별 프리미엄의 변화가 어떠하였는지 알 수 있을 뿐만 아니라, 이것이 10대와 같은 학업 적령기의 학력 선택에도 영향을 미칠 수 있기 때문이다. 따라서 여기서 학력별 로봇 도입 효과를 분석하기 위해 대학의 교육과정이 끝난 연령대인 25세부터 49세까지(핵심생산연령 : prime-age worker)의 고용을 분석하였다. 〈표 3-8〉은 지역의 로봇 노출도가 고졸 이하 및 대졸 이상의 핵심생산연령 고용률에 미친 영향을 나타낸 것이다. 고졸 이하의 경우 로봇 노

〈표 3-8〉 지역 로봇 노출도가 학력별 고용률에 미치는 영향

	학력별 고용률 - 인구주택총조사		
	고졸 이하	대졸 이상	차이
로봇 노출도	0.000998 (0.00219)	0.00449*** (0.00158)	0.00350 (0.00256)
Constant	0.192* (0.104)	-0.108 (0.0922)	-0.299** (0.139)
Observations	387	387	387
R-squared	0.379	0.117	0.300
First stage F	128.2	128.2	128.2
Mean in 2005	0.711	0.757	

주 : 〈표 3-8〉은 지역의 로봇 노출도가 1 표준편차(근로자 1,000명당 6.6대) 증가하였을 때 지역 학력별 고용률(25~49세)에 미치는 영향을 제시함. 제시된 결과 모두 기간 고정 효과, 고숙련 제조업 비중, 저숙련 제조업 비중, 예상 지역 고용 변화율, 수입 노출도, 25세 이하 비중, 50세 이상 비중, 여성 인구 비중을 통제하여 추정하였고, 추정을 위해 다른 국가의 로봇 도입 대수를 도구 변수로 사용함. *, **, ***는 10%, 5%, 1% 수준에서 유의미한 영향인지를 나타냄.

자료 : 종속변수 - 인구주택총조사 2% 표본, 독립변수 - IFR Robot 데이터, 전국사업체조사, UNComtrade 및 인구주택총조사 2% 표본.

출도 1 표준편차의 증가가 고용률을 약 0.1ppts. 증가시키는 것을 알 수 있었지만, 이 수치는 통계적으로 유의미한 수준은 아닌 것으로 나타났다. 이에 반해 대졸 이상의 경우 약 0.45ppts. 증가하였는데, 이는 로봇 도입으로 늘어나는 일자리가 주로 높은 학력 수준을 요구하는 고숙련 일자리라는 것을 시사하고 있다. 그러나 이 둘의 추정치 차이는 통계적으로 유의미하진 않았다.

〈표 3-9〉는 로봇 노출이 학력별 고용률에 미친 영향을 지역별고용조사를 통해 분석한 것이다. 로봇 도입으로 인해 전체 고용률의 경우 약 0.26ppts. 증가하였는데, 이는 인구주택총조사의 추정치와 비슷한 수준인 것으로 나타났다. 학력별 고용률 또한 인구주택총조사의 경우와 유사하게 로봇 도입으로 인해 대졸 이상의 고용률이 고졸 이하의 고용률보다 증가하는 것을 알 수 있었지만, 지역별고용조사의 추정치는 모든 학력에서 통계적으로 유의미하게 나타나지 않았다.

〈표 3-9〉 지역 로봇 노출도가 학력별 고용률에 미치는 영향(지역별고용조사)

	학력별 고용률 - 지역별고용조사			
	전체	고졸 이하	대졸 이상	차이
로봇 노출도	0.00260*	0.00231	0.00317	0.000862
	(0.00140)	(0.00189)	(0.00200)	(0.00275)
Constant	-0.0658	0.105	-0.119	-0.224
	(0.136)	(0.169)	(0.210)	(0.241)
Observations	258	258	258	258
R-squared	0.276	0.336	0.100	0.228
First stage F	95.15	95.15	95.15	95.15
Mean in 2010	0.669	0.729	0.802	

주: 〈표 3-9〉는 지역의 로봇 노출도가 1 표준편차(근로자 1,000명당 6.6대) 증가하였을 때 지역 학력별 고용률(25~49세)에 미치는 영향을 제시함. 제시된 결과 모두 기간 고정 효과, 고숙련 제조업 비중, 저숙련 제조업 비중, 예상 지역 고용 변화율, 수입 노출도, 25세 이하 비중, 50세 이상 비중, 여성 인구 비중을 통제하여 추정하였고, 추정을 위해 다른 국가의 로봇 도입 대수를 도구변수로 사용함. *, **, ***는 10%, 5%, 1% 수준에서 유의미한 영향인지를 나타냄.

자료: 종속변수 - 지역별고용조사, 독립변수 - IFR Robot 데이터, 전국사업체조사, UN Comtrade 및 인구주택총조사 2% 표본.

〈표 3-10〉은 로봇 노출이 학력별 월 임금에 미친 영향을 나타낸 것이다. 로봇 도입으로 인해 전체 월 임금의 경우 약 1.88% 증가하였는데, 이는 2020년 물가로 계산하면 약 1.8만 원인 것으로 나타났다. 흥미로운 점은 학력별 임금 효과인데, 고졸 이하의 경우 월 임금은 2.84% 증가하였지만, 대졸 이상의 경우 약 0.47% 증가에 불과하였다. 따라서 임금 프리미엄은 로봇 도입이 1 표준편차 증가하였을 때, 약 2.38% 감소하는 것으로 나타났다. 이는 고용률 결과와 반대로, 임금 증가의 경우 대졸 이상보다 고졸 이하 근로자의 임금이 더 크게 증가하여 대졸 임금 프리미엄이 감소하는 것을 알 수 있었다.

시간당 임금 또한 결과는 유사하였다. 〈표 3-11〉은 로봇 노출이 학력별 시간당 임금에 미친 영향을 나타낸 것이다. 고졸 이하의 경우 시간당 임금은 3.52% 증가하였지만, 대졸 이상의 경우 약 0.76% 증가에 불과하여 임금

〈표 3-10〉 지역 로봇 노출도가 학력별 월 임금에 미치는 영향

	지역 학력별 월 임금			
	전체	고졸 이하	대졸 이상	Premium
로봇 노출도	0.0188** (0.00806)	0.0284*** (0.00928)	0.00465 (0.00872)	-0.0238*** (0.00829)
Constant	-1.063** (0.422)	-1.154** (0.480)	-0.850* (0.434)	0.304 (0.535)
Observations	258	258	258	258
R-squared	0.971	0.970	0.945	0.757
First stage F	95.15	95.15	95.15	95.15
Mean in 2010	93.40	67	137	

주 : 〈표 3-10〉은 지역의 로봇 노출도가 1 표준편차(근로자 1,000명당 6.6대) 증가하였을 때 학력별 로그 월 임금(25~49세)에 미치는 영향을 제시함. 제시된 결과 모두 기간 고정 효과, 고숙련 제조업 비중, 저숙련 제조업 비중, 예상 지역 고용 변화율, 수입 노출도, 25세 이하 비중, 50세 이상 비중, 여성 인구 비중을 통제하여 추정하였고, 추정을 위해 다른 국가의 로봇 도입 대수를 도구 변수로 사용함. *, **, ***는 10%, 5%, 1% 수준에서 유의미한 영향인지를 나타냄.

자료 : 종속변수 - 지역별고용조사, 독립변수 - IFR Robot 데이터, 전국사업체조사, UN Comtrade 및 인구주택총조사 2% 표본.

〈표 3-11〉 지역 로봇 노출도가 학력별 시간당 임금에 미치는 영향

	지역 학력별 시간당 임금			
	전체	고졸 이하	대졸 이상	Premium
로봇 노출도	0.0222** (0.00932)	0.0352*** (0.0123)	0.00758 (0.00874)	-0.0276*** (0.00628)
Constant	-1.993*** (0.514)	-2.372*** (0.635)	-1.736*** (0.444)	0.636 (0.560)
Observations	258	258	258	258
R-squared	0.844	0.801	0.757	0.479
First stage F	95.15	95.15	95.15	95.15
Mean in 2010	0.644	0.472	0.903	

주 : 〈표 3-11〉은 지역의 로봇 노출도가 1 표준편차(근로자 1,000명당 6.6대) 증가하였을 때 학력별 로그 시간당 임금(25~49세)에 미치는 영향을 제시함. 제시된 결과 모두 기간 고정 효과, 고숙련 제조업 비중, 저숙련 제조업 비중, 예상 지역 고용 변화율, 수입 노출도, 25세 이하 비중, 50세 이상 비중, 여성 인구 비중을 통제하여 추정하였고, 추정을 위해 다른 국가의 로봇 도입 대수를 도구 변수로 사용함. *, **, ***는 10%, 5%, 1% 수준에서 유의미한 영향인지를 나타냄.

자료 : 종속변수 - 지역별고용조사, 독립변수 - IFR Robot 데이터, 전국사업체조사, UN Comtrade 및 인구주택총조사 2% 표본.

프리미엄은 로봇 도입이 1 표준편차 증가하였을 때, 약 2.76% 감소하는 것으로 나타났다.

다음은 로봇 도입이 학력별 기대 월 임금에 미친 영향을 살펴보았다. 고용률의 경우 로봇 도입으로 인해 학력별 고용률 차이가 증가하는 것으로 나타났지만, 임금의 경우 대졸 프리미엄이 오히려 감소하는 것으로 나타났다. 따라서 이 둘을 동시에 고려한 기대 임금(Expected wage: 고용률×임금)에 미친 영향을 살펴봄으로써 노동시장의 대졸 프리미엄이 어떻게 바뀌었는지 살펴보고자 한다(Charles et al. 2018). 〈표 3-12〉는 로봇 도입이 기대 월 임금에 미친 영향을 나타낸 것이다. 지역 로봇 노출도가 1 표준편차만큼 증가할 때, 핵심 가능 인구의 기대 월 임금은 약 2.24% 증가하는 것으로 나타났다. 이 중 고졸 이하의 기대 월 임금은 3.19%, 대졸 이상의 기대 월 임금은 0.90% 증가하여, 대졸 프리미엄은 기대 월 임금 기준으로 약 2.29% 감소하

〈표 3-12〉 지역 로봇 노출도가 학력별 기대 월 임금에 미치는 영향

	지역 학력별 기대 월 임금			
	전체	고졸 이하	대졸 이상	Premium
로봇 노출도	0.0224*** (0.00854)	0.0319*** (0.00927)	0.00906 (0.0102)	-0.0229** (0.00994)
Constant	-1.141** (0.451)	-0.953* (0.488)	-1.011* (0.555)	-0.0579 (0.636)
Observations	258	258	258	258
R-squared	0.969	0.966	0.930	0.737
First stage F	95.15	95.15	95.15	95.15
Mean in 2010	70.15	48.20	109.7	

주 : 〈표 3-12〉는 지역의 로봇 노출도가 1 표준편차(근로자 1,000명당 6.6대) 증가하였을 때 학력별 로그 기대 월 임금(25~49세)에 미치는 영향을 제시함. 제시된 결과 모두 기간 고정 효과, 고숙련 제조업 비중, 저숙련 제조업 비중, 예상 지역 고용 변화율, 수입 노출도, 25세 이하 비중, 50세 이상 비중, 여성 인구 비중을 통제하여 추정하였고, 추정을 위해 다른 국가의 로봇 도입 대수를 도구 변수로 사용함. *, **, ***는 10%, 5%, 1% 수준에서 유의미한 영향인지를 나타냄.

자료 : 종속변수 - 지역별고용조사, 독립변수 - IFR Robot 데이터, 전국사업체조사, UN Comtrade 및 인구주택총조사 2% 표본.

는 것으로 나타났다. 특히 대졸 프리미엄의 감소는 5% 통계적 수준으로 유의한 것으로 나타났다.

이러한 추세는 기대 시간당 임금에서도 확인되었다. 〈표 3-13〉은 로봇 노출이 학력별 기대 시간당 임금에 미친 영향을 보여준다. 고졸 이하의 경우 기대 시간당 임금이 3.87% 증가했지만, 대졸 이상의 경우에는 약 1.2% 증가에 그쳐, 로봇 도입이 1 표준편차 증가할 때 임금 프리미엄은 약 2.67% 감소하는 것으로 나타났다. 따라서 고용률과 임금을 종합적으로 고려할 때, 로봇 도입에 따라 대졸 프리미엄이 감소하는 추세를 보였다. 이는 대학 입학을 통해 얻는 경제적 이익이 줄어들고 있음을 의미하며, 궁극적으로 대학 입학률 감소로 이어질 수 있다. 이러한 결과는 〈표 3-7〉과도 일치하며, 그 결과 고등학교 졸업 연령대(15~24세)의 고용이 증가하는 경향이 나타났다.

〈표 3-13〉 지역 로봇 노출도가 학력별 기대 시간당 임금에 미치는 영향

	지역 학력별 기대 시간당 임금			
	전체	고졸 이하	대졸 이상	Premium
로봇 노출도	0.0258*** (0.00986)	0.0387*** (0.0120)	0.0120 (0.0103)	-0.0267*** (0.00681)
Constant	-2.071*** (0.534)	-2.171*** (0.609)	-1.898*** (0.552)	0.274 (0.622)
Observations	258	258	258	258
R-squared	0.854	0.825	0.729	0.507
First stage F	95.15	95.15	95.15	95.15
Mean in 2010	0.482	0.338	0.721	

주 : 〈표 3-13〉은 지역의 로봇 노출도가 1 표준편차(근로자 1,000명당 6.6대) 증가하였을 때 학력별 로그 기대 시간당 임금(25~49세)에 미치는 영향을 제시함. 제시된 결과 모두 기간 고정 효과, 고숙련 제조업 비중, 저숙련 제조업 비중, 예상 지역 고용 변화율, 수입 노출도, 25세 이하 비중, 50세 이상 비중, 여성 인구 비중을 통제하여 추정하였고, 추정을 위해 다른 국가의 로봇 도입 대수를 도구 변수로 사용함. *, **, ***는 10%, 5%, 1% 수준에서 유의미한 영향인지를 나타냄.

자료 : 종속변수 - 지역별고용조사, 독립변수 - IFR Robot 데이터, 전국사업체조사, UN Comtrade 및 인구주택총조사 2% 표본.

제6절 추가 분석 결과

1. 로봇 도입이 노동 공급에 미친 영향

앞서 추정한 로봇 도입이 고용과 임금에 미친 영향은 노동시장의 수요 변화 혹은 공급 변화 때문에 비롯될 수 있다. 〈표 3-14〉는 이러한 변화가 수요 변화로 발생하였는지, 공급 변화 때문에 발생하였는지 살펴보기 위해 공급 측면인 경제활동참가율을 학력별로 살펴보았다. 로봇 노출도가 1 표준편차만큼 증가하였을 때, 지역의 경제활동참가율은 약 0.08ppts. 감소하였고, 이 중 고졸 이하는 0.2ppts. 감소, 대졸 이상의 경우 0.05ppts. 증가하는 것을

〈표 3-14〉 지역 로봇 노출도가 학력별 경제활동참가율에 미치는 영향

	지역 학력별 경제활동참가율		
	전체	고졸 이하	대졸 이상
로봇 노출도	-0.000762 (0.00157)	-0.00198 (0.00258)	0.000454 (0.00185)
Constant	-0.0824 (0.143)	0.0762 (0.204)	-0.147 (0.180)
Observations	258	258	258
R-squared	0.122	0.203	0.080
First stage F	95.15	95.15	95.15
Mean in 2010	0.778	0.748	0.827

주 : 〈표 3-14〉는 지역의 로봇 노출도가 1 표준편차(근로자 1,000명당 6.6대) 증가하였을 때 학력별 경제활동참가율(25~49세)에 미치는 영향을 제시함. 제시된 결과 모두 기간 고정 효과, 고숙련 제조업 비중, 저숙련 제조업 비중, 예상 지역 고용 변화율, 수입 노출도, 25세 이하 비중, 50세 이상 비중, 여성 인구 비중을 통제하여 추정하였고, 추정을 위해 다른 국가의 로봇 도입 대수를 도구 변수로 사용함. *, **, ***는 10%, 5%, 1% 수준에서 유의미한 영향인지를 나타냄.

자료 : 종속변수 - 지역별고용조사, 독립변수 - IFR Robot 데이터, 전국사업체조사, UN Comtrade 및 인구주택총조사 2% 표본.

알 수 있었다. 이러한 효과의 크기는 같은 자료로 분석한 고용률에 미친 효과와 비교하면 작고 통계적으로 유의하지 않은 것으로 나타났다.

〈표 3-15〉는 로봇 노출도가 경제활동참가율에 미친 영향을 연령별로 살펴본 것이다. 그 결과, 로봇 도입으로 인해 45~54세의 경우를 제외한 모든 연령의 경제활동참가율은 통계적으로 유의미하게 변화하지 않았다. 따라서 로봇 도입으로 인해 고용률이 변화한 이유는 노동 공급의 변화가 아닌 노동시장의 수요 변화로 인한 것이라고 할 수 있다.[26)]

26) 45~54세의 경우, 경제활동참가율의 감소 크기가 유의미하게 발생한 것을 알 수 있다. 따라서 45~54세의 경우, 노동 공급의 축소가 고용률 감소의 원인이 될 수 있을 것으로 추정된다.

〈표 3-15〉 지역 로봇 노출도가 연령별 경제활동참가율에 미치는 영향

	지역 연령별 경제활동참가율		
	15~64	15~24	25~34
로봇 노출도	0.000471 (0.00187)	-0.000630 (0.00502)	0.00121 (0.00194)
Constant	0.0182 (0.107)	-0.237 (0.308)	-0.489** (0.232)
R-squared	0.051	0.270	0.091
Mean in 2005	0.685	0.190	0.712
	35~44	45~54	55세 이상
로봇 노출도	0.000261 (0.00310)	-0.00704*** (0.00217)	0.00558 (0.00482)
Constant	0.241 (0.197)	0.00551 (0.140)	-0.0123 (0.208)
Observations	258	258	258
R-squared	0.052	0.376	0.310
Mean in 2005	0.805	0.817	0.724
First stage F	95.15	95.15	95.15

주 : 〈표 3-15〉는 지역의 로봇 노출도가 1 표준편차(근로자 1,000명당 6.6대) 증가하였을 때 연령별 경제활동참가율에 미치는 영향을 제시함. 제시된 결과 모두 기간 고정 효과, 고숙련 제조업 비중, 저숙련 제조업 비중, 예상 지역 고용 변화율, 수입 노출도, 25세 이하 비중, 50세 이상 비중, 여성 인구 비중을 통제하여 추정하였고, 추정을 위해 다른 국가의 로봇 도입 대수를 도구 변수로 사용함. *, **, ***는 10%, 5%, 1% 수준에서 유의미한 영향인지를 나타냄.

자료 : 종속변수 - 지역별고용조사, 독립변수 - IFR Robot 데이터, 전국사업체조사, UN Comtrade 및 인구주택총조사 2% 표본.

2. 이질성 분석 : 제조업 중심으로

본 절에서는 로봇 도입이 주로 발생한 제조업을 중심으로, 그리고 제조업의 숙련도에 따라 로봇 도입의 효과가 다른지 살펴보았다. 〈표 3-16〉은 제조업에서의 로봇 도입이 지역 고용률에 미친 영향을 제시하였다. 1열의 결과를 살펴보면, 지역의 제조업 로봇 노출도가 1 표준편차만큼 증가하였을

때, 지역 제조업의 고용률은 0.60ppts 상승하는 것을 알 수 있다. 이는 〈표 3-2〉의 지역의 로봇 노출도가 제조업 고용률에 미친 영향과 일치한다. 그뿐만 아니라, 지역의 제조업 로봇 노출도가 비제조업에 미친 영향 또한 0.48ppts. 상승하는 것으로 나타났는데, 이 역시 〈표 3-2〉에서 제시한 결과와 거의 흡사한 것으로 나타났다. 따라서 앞서 제시한 로봇 노출도의 효과는 제조업 로봇 도입으로 인한 효과로 볼 수 있다.

제조업의 로봇 도입 효과를 고숙련 제조업과 저숙련 제조업으로 나누어 살펴보면, 고숙련 제조업 로봇 도입은 고용률에 통계적으로 유의미한 수준의 긍정적인 효과가 제조업과 비제조업에 관찰되었지만, 저숙련 제조업의 로봇 도입은 제조업에서의 효과가 매우 낮았고, 비제조업의 경우 오히려 부

〈표 3-16〉 지역 로봇 노출도가 고용률에 미치는 영향 – 산업별 이질적 효과(전국사업체조사)

	고용률			
	제조업		비제조업	
로봇 노출도 : 제조업	0.00601*** (0.00219)		0.00477* (0.00272)	
로봇 노출도 : 고숙련 제조업		0.00557** (0.00219)		0.00598** (0.00256)
로봇 노출도 : 저숙련 제조업		0.00349 (0.00351)		-0.0110** (0.00543)
Constant	-0.0109 (0.0749)	-0.00459 (0.0762)	0.532*** (0.182)	0.510*** (0.188)
Observations	387	387	387	387
R-squared	0.573	0.568	0.638	0.608
First stage F	128	7.427	128	7.427

주 : 〈표 3-16〉은 지역의 제조업 로봇 노출도, 저숙련 제조업 로봇 노출도, 고숙련 제조업 로봇 노출도가 1 표준편차 증가하였을 때 고용률에 미치는 영향을 제시함. 제시된 결과 모두 기간 고정 효과, 고숙련 제조업 비중, 저숙련 제조업 비중, 예상 지역 고용 변화율, 수입 노출도, 25세 이하 비중, 50세 이상 비중, 여성 인구 비중을 통제하여 추정하였고, 추정을 위해 다른 국가의 로봇 도입 대수를 도구 변수로 사용함. *, **, ***는 10%, 5%, 1% 수준에서 유의미한 영향인지를 나타냄.

자료 : 종속변수 - 전국사업체조사, 독립변수 - IFR Robot 데이터, 전국사업체조사, UN Comtrade 및 인구주택총조사 2% 표본.

〈표 3-17〉 지역 로봇 노출도가 고용률에 미치는 영향 - 산업별 이질적 효과(인구주택총조사)

	고용률			
	제조업		비제조업	
로봇 노출도: 제조업	0.00700*** (0.00140)		-0.00141 (0.00109)	
로봇 노출도: 고숙련 제조업		0.00717*** (0.00160)		-0.00159 (0.00108)
로봇 노출도: 저숙련 제조업		-0.00200 (0.00311)		0.00161 (0.00264)
Constant	-0.0805 (0.0581)	-0.0851 (0.0588)	-0.0153 (0.0663)	-0.0120 (0.0653)
Observations	387	387	387	387
R-squared	0.534	0.554	0.217	0.228
First stage F	128	7.427	128	7.427

주: 〈표 3-17〉은 지역의 제조업 로봇 노출도, 저숙련 제조업 로봇 노출도, 고숙련 제조업 로봇 노출도가 1 표준편차 증가하였을 때 고용률에 미치는 영향을 제시함. 제시된 결과 모두 기간 고정 효과, 고숙련 제조업 비중, 저숙련 제조업 비중, 예상 지역 고용 변화율, 수입 노출도, 25세 이하 비중, 50세 이상 비중, 여성 인구 비중을 통제하여 추정하였고, 추정을 위해 다른 국가의 로봇 도입 대수를 도구 변수로 사용함. *, **, ***는 10%, 5%, 1% 수준에서 유의미한 영향인지를 나타냄.

자료: 종속변수 - 인구주택총조사, 독립변수 - IFR Robot 데이터, 전국사업체조사, UN Comtrade 및 인구주택총조사 2% 표본.

정적인 영향을 미치는 것으로 나타났다. 사업체에 속해 있지 않은 비제조업의 고용에 미친 영향까지 함께 살펴보기 위해 인구주택총조사를 분석한 결과(표 3-17 참조), 저숙련 제조업의 로봇 도입이 비제조업에 미친 효과는 통계적으로 유의미하게 나타나지 않았다.

〈표 3-18〉과 〈표 3-19〉는 제조업의 로봇 도입이 월 임금과 시간당 임금에 미치는 영향을 각각 제시한 것이다. 제조업의 로봇 도입은 월 임금의 경우 1.85%, 시간당 임금의 경우 1.63% 증가시키는 것으로 나타났다. 그러나 비제조업의 경우, 월 임금은 0.85% 증가시키는 데 반해 시간당 임금은 2.73% 증가시키는 것으로 나타났다. 이는 로봇 도입으로 인해 늘어난 비제조업의 일자리는 주로 임시 및 일일근로자의 일자리였기 때문에 로봇 도입은 시간

당 임금만 증가시키는 결과가 나타난 것으로 보인다.

임금의 경우, 고숙련 제조업과 저숙련 제조업의 로봇 도입의 효과는 서로 다른 것으로 나타났다. 고숙련 제조업의 로봇 도입은 제조업의 임금을 상승시켰지만, 저숙련 제조업의 로봇 도입은 임금을 약 4.45%에서 4.95% 감소시키는 것으로 나타났다. 이는 저숙련 제조업의 로봇 도입은 저숙련 제조업에서 인력이 필요한 일을 대체하기 때문에 임금이 낮아지는 것으로 추측된다. 비제조업의 경우, 고숙련 제조업의 로봇 도입은 이들의 임금을 0.23~2.17% 증가시켰고, 저숙련 제조업의 로봇 도입의 경우 3.88~4.37% 증가시키는 것으로 나타났다.

〈표 3-18〉 지역 로봇 노출도가 월 임금에 미치는 영향 - 산업별 이질적 효과

	월임금 : 지역별고용조사			
	제조업		비제조업	
로봇 노출도: 제조업	0.0185* (0.0108)		0.00851 (0.00753)	
로봇 노출도: 고숙련 제조업		0.0253** (0.0101)		0.00230 (0.00707)
로봇 노출도: 저숙련 제조업		-0.0495*** (0.0186)		0.0437* (0.0229)
Constant	-0.878 (0.695)	-0.831 (0.686)	-0.819 (0.639)	-0.859 (0.626)
Observations	258	258	258	258
R-squared	0.667	0.687	0.977	0.974
First stage F	94.91	11.05	94.91	11.05

주 : 〈표 3-18〉은 지역의 제조업 로봇 노출도, 저숙련 제조업 로봇 노출도, 고숙련 제조업 로봇 노출도가 1 표준편차 증가하였을 때 로그 월 임금에 미치는 영향을 제시함. 제시된 결과 모두 기간 고정 효과, 고숙련 제조업 비중, 저숙련 제조업 비중, 예상 지역 고용 변화율, 수입 노출도, 25세 이하 비중, 50세 이상 비중, 여성 인구 비중을 통제하여 추정하였고, 추정을 위해 다른 국가의 로봇 도입 대수를 도구 변수로 사용함. *, **, ***는 10%, 5%, 1% 수준에서 유의미한 영향인지를 나타냄.

자료 : 종속변수 - 인구주택총조사, 독립변수 - IFR Robot 데이터, 전국사업체조사, UN Comtrade 및 인구주택총조사 2% 표본.

〈표 3-19〉 지역 로봇 노출도가 시간당 임금에 미치는 영향 - 산업별 이질적 효과

	시간당 임금 : 지역별고용조사			
	제조업		비제조업	
로봇 노출도 : 제조업	0.0163 (0.0113)		0.0273*** (0.00982)	
로봇 노출도 : 고숙련 제조업		0.0224** (0.0104)		0.0217** (0.00875)
로봇 노출도 : 저숙련 제조업		-0.0445** (0.0199)		0.0388 (0.0266)
Constant	-1.607** (0.751)	-1.565** (0.747)	-0.819 (0.639)	-0.859 (0.626)
Observations	258	258	258	258
R-squared	0.497	0.522	0.977	0.974
First stage F	94.91	11.05	94.91	11.05

주 : 〈표 3-19〉는 지역의 제조업 로봇 노출도, 저숙련 제조업 로봇 노출도, 고숙련 제조업 로봇 노출도가 1 표준편차 증가하였을 때 로그 시간당 임금에 미치는 영향을 제시함. 제시된 결과 모두 기간 고정 효과, 고숙련 제조업 비중, 저숙련 제조업 비중, 예상 지역 고용 변화율, 수입 노출도, 25세 이하 비중, 50세 이상 비중, 여성 인구 비중을 통제하여 추정하였고, 추정을 위해 다른 국가의 로봇 도입 대수를 도구 변수로 사용함. *, **, ***는 10%, 5%, 1% 수준에서 유의미한 영향인지를 나타냄.

자료 : 종속변수 - 인구주택총조사, 독립변수 - IFR Robot 데이터, 전국사업체조사, UN Comtrade 및 인구주택총조사 2% 표본.

제7절 연구 요약 및 정책적 시사점

1. 연구 요약

본 장은 로봇 도입이 우리나라의 지역노동시장에 미친 영향을 연구했다. 이를 위해 각 지역노동시장의 로봇 노출도를 계산하고 이중차분과 발틱 도구 변수를 이용하여 분석했다. 로봇 도입은 제조업과 비제조업의 고용과 임

금에 긍정적인 영향을 미친 것으로 나타났다. 이는 제조업에서는 로봇 도입으로 인한 생산성 상승이 로봇이 인력을 대체하는 효과보다 훨씬 큰 것을 의미하며, 비제조업의 경우 노동시장의 긍정적인 영향으로 인해 서비스업 등의 수요가 증가하였음을 시사하고 있다. 그러나 제조업의 경우 고용계약 기간이 긴 상용직 고용이 늘어났으나, 비제조업의 경우 임시 및 일용직 고용이 늘어나 고용의 질적 측면에서는 로봇 도입의 효과가 이질적인 것으로 나타났다.

연령별 효과를 살펴보면, 45세 미만 젊은 층의 고용률이 상승한 데 비해 45세 이상 중장년층의 고용률은 감소하는 것을 볼 수 있으며 이는 연령별로 로봇 도입에 대한 적응력이 다르다는 것을 나타내고 있다. 마지막으로 로봇 도입의 효과를 학력별로 살펴본 결과, 로봇 도입은 특히 고졸 이하의 임금을 상승시킨 것으로 나타났으며 이에 따라 대학 프리미엄은 유의미하게 줄어든 것으로 나타났다. 이는 로봇 도입으로 인해 대학 진학의 기회비용이 상승하면서 대학 진학에 부정적인 영향을 미칠 수 있음을 시사하고 있다.

2. 정책적 시사점

위의 연구 결과를 종합해 보면, 로봇 도입은 다양한 계층에서 고용 및 소득 격차를 심화시킬 수 있다. 따라서 이러한 격차를 줄일 수 있는 정책적 노력이 요구된다.

첫째, 연령별 고용 격차 해소를 위한 노력이 필요하다. 로봇 도입은 젊은 층의 고용률에는 긍정적인 영향을 미쳤지만, 중장년층에는 부정적인 영향을 미쳤다. 이는 중장년층의 경우 로봇 도입에 대한 적응이 쉽지 않다는 것을 의미한다. 따라서 중장년층을 대상으로 재교육과 기술 숙련 프로그램을 제공할 필요가 있다. 또한 이들의 노동시장 이탈에 대비한 맞춤형 고용 보험과 새로운 일자리를 알선해 주는 일자리 전환 프로그램도 고려해 볼 만한 정책으로 보인다.

둘째, 로봇 도입으로 인해 발생한 고용의 지역 격차 또한 줄여야 한다. 경기, 충청, 경상권의 경우 로봇 도입이 활발하지만, 강원과 전라권은 로봇 도입이 활발하지 않아 이에 따라 발생할 고용의 격차가 우려된다. 따라서 로봇 도입 노출도가 낮은 지역에 로봇에 관련된 인프라, 설비 등을 지원하고 신기술 도입에 대한 보조금 지원과 같은 지원 정책이 필요하다.

셋째, 로봇 도입으로 창출되는 일자리의 질이 산업별로 다르므로, 이에 대한 정책 또한 요구된다. 특히 비제조업의 경우, 임시 및 일용직의 일자리가 늘어나기 때문에 이들의 직업 안정성과 고용 안정성을 높이기 위한 정책이 요구된다.

또한 이러한 정책들을 통해 로봇 도입의 긍정적 효과가 사회 전반에 장기적으로 고르게 확산할 수 있도록 정기적인 모니터링을 통해 장기적인 관점에서 노동시장이 양극화되지 않도록 관리할 필요가 있다.

〈부표 3-1〉 지역노동시장권의 분류

권역	지역노동시장	세부지역
수도권	서울권	서울특별시, 광명시, 성남시, 광주시, 하남시, 안양시, 과천시, 군포시, 의왕시, 고양시, 구리시, 남양주시, 파주시
	인천권	인천광역시, 부천시, 김포시
	수원권	수원시, 용인시, 오산시, 화성시
	의정부권	의정부시, 동두천시, 양주시, 포천시
	안산시흥	안산시, 시흥시
	평택시	-
	이천시	-
	안성시	-
	여주시	-
	연천군	-
	가평군	-
	양평군	-
강원권	춘천시	-
	원주시	-
	강릉시	-
	동해시	-
	태백시	-
	속초시	-
	삼척시	-
	홍천군	-
	횡성군	-
	영월군	-
	평창군	-
	정선군	-
	철원군	-
	화천군	-
	양구군	-
	인제군	-
	고성군	-

〈부표 3-1〉의 계속

권역	지역노동시장	세부지역
강원권	양양군	-
충청권	대전광역시	-
	청주권	청주시, 진천군
	충주시	-
	제천시	-
	보은군	-
	옥천군	-
	영동군	-
	괴산증평	괴산군, 증평군
	음성군	-
	단양군	-
	천안시	-
	공주시	-
	보령시	-
	아산시	-
	서산시	-
	논산계룡	논산시, 계룡시
	당진시	-
	금산군	-
	부여군	-
	서천군	-
	청양군	-
	홍성군	-
	예산군	-
	태안군	-
	광주권	광주광역시, 담양군, 장성군
호남권	전주권	전주시, 완주군
	군산시	-
	익산시	-
	정읍시	-
	남원시	-

〈부표 3-1〉의 계속

권역	지역노동시장	세부지역
호남권	김제시	-
	진안군	-
	무주군	-
	장수군	-
	임실군	-
	순창군	-
	고창군	-
	부안군	-
	목포영암	목포시, 영암군
	여수시	-
	순천시	-
	나주시	-
	광양시	-
	곡성군	-
	구례군	-
	고흥군	-
	보성군	-
	화순군	-
	장흥군	-
	강진군	-
	해남군	-
	무안군	-
	함평군	-
	영광군	-
	완도군	-
	진도군	-
	신안군	-
	제주시	-
	서귀포시	-
영남권	부산권	부산광역시, 양산시
	대구권	대구광역시, 고령군

〈부표 3-1〉의 계속

권역	지역노동시장	세부지역
영남권	울산광역시	-
	포항시	-
	경주시	-
	김천시	-
	안동시	-
	구미칠곡	구미시, 칠곡군
	영주시	-
	영천시	-
	상주시	-
	문경시	-
	경산시	-
	군위군	-
	의성군	-
	청송군	-
	영양군	-
	영덕군	-
	청도군	-
	성주군	-
	예천군	-
	봉화군	-
	울진군	-
	울릉군	-
	진주시	-
	통영시	-
	사천시	-
	김해시	-
	밀양시	-
	거제시	-
	창원시	-
	의령군	-
	창녕군	-

〈부표 3-1〉의 계속

권역	지역노동시장	세부지역
영남권	고성군	-
	남해군	-
	하동군	-
	산청군	-
	함양군	-
	거창군	-
	합천군	-

주 : 세종특별자치시는 2012년 출범하여 지역노동시장권에서 제외함.
자료 : 이종관(2019).

〈부표 3-2〉 1단계 추정 결과

VARIABLES	(1)
	1st_stage
std_ip_robot_other	0.720***
	(0.0636)
adv_manu_share	9.894***
	(3.140)
low_manu_share	4.372**
	(1.918)
bartik_labor	82.59***
	(19.47)
ip_im	-1.43e-07
	(3.23e-07)
share_u25	10.87**
	(4.507)
share_50	5.590**
	(2.787)
share_female	-1.227
	(5.951)
ln_total	0.0530
	(0.0492)
Constant	-6.332**
	(2.513)
Observations	387
R-squared	0.904
First stage F	128.2

주 : 〈부표 3-2〉는 로봇 노출도 도구 변수가 1 표준편차 증가하였을 때 지역 로봇 도출도에 미치는 영향을 제시함. 제시된 결과 모두 기간 고정 효과, 고숙련 제조업 비중, 저숙련 제조업 비중, 예상 지역 고용 변화율, 수입 노출도, 25세 이하 비중, 50세 이상 비중, 여성 인구 비중을 통제하여 추정하였고, 추정을 위해 다른 국가의 로봇 도입 대수를 도구 변수로 사용함. *, **, ***는 10%, 5%, 1% 수준에서 유의미한 영향인지를 나타냄.

자료 : 종속변수 - IFR Robot 데이터, 전국사업체조사, 독립변수 - IFR Robot 데이터, 전국사업체조사, UNComtrade 및 인구주택총조사 2% 표본.

제 4 장
로봇 도입이 인적자본에 미치는 영향

제1절 서 론

21세기 들어 로봇과 자동화 기술의 도입이 급속히 이루어지고 있으며, 그 속도는 점차 가속화되고 있다. 이에 따라 기술 혁신이 노동시장에 미치는 영향을 분석한 연구가 활발하게 진행되고 있다. 특히, Acemoglu and Restrepo(2020)의 연구를 시작으로, 로봇 도입이 노동시장에 미친 영향에 대한 많은 연구가 파생되고 있다. 한편, 한국에서 로봇 도입이 노동시장에 미친 영향에 대해서는 상반된 결과가 보고되고 있다. 한국은 전 세계적으로 단위 인구당 로봇 도입 증가율이 가장 높은 수준을 보이고 있으며, 이는 제조업을 비롯한 산업들의 노동수요에 큰 영향을 미쳤을 가능성이 높다. 기존 연구에서는 숙련 편향적 기술 진보(Skill Biased Technological Change)가 학력 수준이 높은 고숙련 노동자에 대한 수요를 증가시키고, 학력 프리미엄을 높여 고학력 노동자들의 공급을 촉진시킨다는 의견을 주로 제시했다(Katz and Murphy, 1992; Krusell et al., 2000). 그러나 최근 급격한 속도로 진행되고 있는 로봇과 인공지능을 포함한 자동화는 기술 혁신이 인적자본에 미치는 영향에 대한 논의를 활발하게 하고 있다(Aoun, 2017).

이러한 배경하에, 본 장에서는 기술 혁신이 인적자본에 미치는 영향에 대해 살펴보기 위해 산업용 제조 로봇 도입이 대학 등록 및 전공선택 등에 미치는 영향을 분석하고자 한다. 국제로봇협회 자료, 전국사업체조사 자료, 인구주택총조사 자료, 교육기본통계조사 자료 등을 활용하여 2010년부터 2020년까지의 10년 동안 지역노동시장권별로 로봇 도입이 인적자본에 미친 영향을 살펴본다. 특히, 대학 등록에 미치는 영향을, 지역노동시장 내의 19~60세 대비 대학 등록 인구 비중을 계산하여 개인의 인적자본에 대한 투자와 노동시장에 미치는 영향을 함께 고려하여 분석한다. 이와 더불어 학제별, 설립 주체별로 구분하여 살펴보고 졸업생들의 전공선택에 미치는 영향도 함께 탐색한다. 또한, 고등학교 졸업생들만을 대상 표본으로 하여 이들의 대학 진학과 전공선택에 미치는 영향도 분석한다. 마지막으로, 학력 수준별 임금 수준에 미치는 영향을 분석하여 메커니즘을 살펴본다.

본 장의 구성은 다음과 같다. 제2절에서는 로봇 도입 및 인적자본에 관련된 선행연구를 개관한다. 제3절에서는 분석에 이용된 분석 방법 및 자료에 대해 소개한다. 제4절에서는 로봇 도입이 인적자본에 미친 영향에 대해 실증 분석한 결과를 상세히 제시하며, 대학 등록률 변화, 학제에 따른 차이, 설립 주체에 따른 차이, 졸업생들의 전공선택 변화, 고등학교 졸업생의 대학 입학 및 전공선택 등에 대해 다양한 각도에서 분석한 결과를 조명한다. 마지막으로, 제5절에서는 연구 결과의 요약과 함께 정책제언을 제시한다.

제2절 선행연구

기술 혁신이 인적자본에 미치는 영향에 대한 연구는 전통적인 기술 진보가 교육에 미치는 영향에 대한 연구의 연장 선상에 있다고 볼 수 있다. 숙련 편향적 기술 진보(Skill Biased Technological Change)와 교육에 관한 여러 연구(Katz and Murphy, 1992; Goldin and Katz, 2008; Acemoglu and Autor, 2012; Autor et al., 2020)에 따르면, 숙련 편향적 기술 진보는 고숙련 노동자들에게 유리하게 작용하는 기술 발전을 의미한다(Katz and Murphy, 1992; Juhn et al., 1993; Card and DiNardo, 2002). 기존의 선행연구들은 노동시장 여건과 인적자본 투자의 관계에 대해 주로 저숙련 노동자들이 악화되는 노동시장의 영향을 받는다는 사실을 밝혔으며, 이들의 교육투자에 대한 결정에 미치는 효과를 분석하는 데 집중했다. 그러나 최근의 자동화 및 로봇 등의 기술 발전의 효과를 분석한 연구들이 이전과 다른 점은 이러한 기술 발전이 주로 중숙련 노동자들에게 불균형한 영향을 미친다는 점이다(Goos and Manning, 2007; Autor and Dorn, 2013). 최근 기술 혁신의 사례로 언급되는 자동화와 로봇 도입의 영향을 분석한 가장 대표적인 연구로 Acemoglu and Restrepo(2020)를 들 수 있다. 이들은 자동화 기술이 저숙련 노동자들을 대체할 수 있으며, 로봇 도입이 미국에서 고용과 임금을 모두 상당한 수준만큼 감소시켰다는 사실을 밝혀냈다. 반면, Autor(2015)의 연구는 자동화 기술 발전이 노동시장과 일자리에 미치는 영향에 대해 분석하면서, 기술의 발전이 노동을 대체하는 것에 그치는 것이 아니라 보완하며 새로운 일자리를 만들어 내는 역할도 한다고 주장하였다. 지난 수십 년 동안 자동화와 기술 발전이 진행된 가운데 가장 눈에 띄는 점은 일자리의 양극화이며 그로 인해 중숙련 일자리가 감소했고, 고숙련 및 저숙련 직업의 증가를 초래했다고 분석했다. Dauth et al.(2021)의 연구는 독일의 자료를 이용하여 로봇 도입이 숙련 노동자의 비율을 증가시키고, 고숙련 직업으로의 이동을 촉진했다는 사실을 확인했다. 연구에 따르면, 로봇 도입은 고숙련 노동자에게 긍정적인 영향을 미친 반면 저숙련 노동자에게는 고용 불안정과 임금 감소와 같은 부정적 효과를 나타내 노동시장에 이질적인 영향을 미쳤음을 논의했다.

로봇 도입과 인적자본 간의 관계를 다룬 연구로는 Lerch(2020)가 있다. 이 연구는 로봇 도입이 노동시장 참여율을 감소시키는 동시에, 장애인 수당 신청과 조기 은퇴 인구를 증가시켰으며 노동시장 비참여자들의 대학 등록률을 증가시켰다는 결과를 제시했다. 또한, Branco et al.(2022)은 미국 자료를 이용하여 정향 편향적 기술 진보(RBTC : Routine Biased Technology Change)가 개인의 인적자본 투자에 미치는 영향을 분석했다. 이들은 로봇 도입이 높은 지역에서 성장한 개인들이 학사 학위를 취득할 확률이 높아졌고, 상대적으로 높은 소득을 올릴 가능성이 증가했다고 밝혔다. 이러한 효과는 숙련 프리미엄과 기회비용 변화에 기인한다고 분석했다. Di Giacomo and Lerch(2023)는 미국의 자료를 활용하여 로봇 도입이 대학 등록에 미친 효과를 분석했다. 이 연구는 로봇 한 대의 도입이 4명의 추가 대학 등록을 발생시켰다는 사실과, 컴퓨터 과학 및 공학 등의 응용 분야를 전공하는 졸업생이 증가했다는 점을 발견했다. 또한, 로봇 도입으로 인한 대학 등록 증가의 원인이 대학 임금 프리미엄의 상승보다 대학 등록에 따른 기회비용 감소가 주요 요인임을 제시했다.

로봇 도입에 관한 국내 연구들은 주로 노동시장에 미친 영향을 분석한 것에 그치고 있다. 국내 연구로는 김태경 · 이병호(2021), 이종관(2021), 이환웅 · 강동익(2022), Kim(2024) 등을 들 수 있다. 대부분의 연구에서 로봇 도입의 효과가 고용과 임금에 부정적인 영향을 나타내는 것으로 나타났으나, 이환웅 · 강동익(2022)의 연구에서는 로봇 도입이 고용과 임금 모두에 긍정적인 효과를 나타냈음을 밝혔다. 본 연구는 로봇 도입이 인적자본에 미치는 영향을 국내 자료를 이용하여 분석함으로써, 노동시장에 주목한 기존의 연구를 확장하고 노동시장에 미치는 영향을 새로운 관점에서 제시하고자 한다.

제3절 분석 방법 및 자료

1. 분석방법

본 연구의 주요 목적은 로봇 노출이 대학 등록에 미치는 영향을 지역노동시장권 단위에서 분석하는 데 있다. 분석을 위한 자료로 이용하는 국제로봇협회의 로봇 데이터는 연도별, 국가별, 산업별 로봇 도입 현황만을 제공하고 있어, 이를 지역노동시장권별로 로봇 노출도를 구하기 위해서는 산업별 로봇 도입 수와, 지역의 산업별 고용 비중을 가중 평균한 변수를 이용할 필요성이 존재한다. 또한, 로봇 노출과 대학 등록은 관측되지 않는 노동시장의 요인들에 의해 함께 결정될 수 있기 때문에 이러한 잠재적 문제점을 해결하기 위한 분석방법이 요구된다. 따라서 본 연구에서는 Acemoglu and Restrepo(2020)가 제안한 Shift-share 디자인[27]을 이용하여 분석한다. Shift-share 디자인은 산업 수준의 충격이 발생했을 때, 지역노동시장별 산업구조의 차이로 인해 지역에 미치는 영향이 이질적인 경우에 사용된다(Dauth et al., 2021). 이는 발틱 도구변수와 유사한 개념으로 산업 수준에서 로봇 도입을 각 지역노동시장의 해당 산업에 대응하는 총 고용자수 비중에 따라 지역노동시장별로 할당할 수 있게 한다. 지역노동시장별 로봇 노출도는 다음의 수식과 같이 계산한다.

$$\text{로봇 노출도}_{r,t}^{KR} = \sum_{j \in 1}^{19} \frac{L_{r,j}}{L_r} \left[\frac{R_{j,t}^{KR} - R_{j,t-1}^{KR}}{L_j} \right] \tag{4-1}$$

여기서 고용 비중 구성 요소(share component)인 $\frac{L_{r,j}}{L_r}$는 2010년 기준 지역노동시장 r에 존재하는 산업 j의 고용 비중이다. 또한 변화 구성 요소(shift component)인 $\left[\frac{R_{j,t}^{KR} - R_{j,t-1}^{KR}}{L_j} \right]$는 산업 j에서 2010년 기준 고용자수 L_j에 대한 2010년부터 2020년까지 한국 내 로봇 도입량의 변화 $R_{j,t}^{KR} - R_{j,t-1}^{KR}$를 측정한다. 이를 이용한 로봇 노출의 효과를 식별하는 데 있어 주요 가정은 로봇 도입이 산업별로 다르며 고용이 산업 구조에 따라 지역노동시장별로 다르게 노출된다는 점이다. 그러나 로봇의 도입은 국내 산업의 수요 증가에 따라 확대될 수 있으며, 이러한 수요 증가는 기업들의 자본과 고용을 늘려서 대학을 가는 기회비용을 증가시킬 수도 있다(Bonfiglioli et al., 2024; Atkin, 2016). 이러한 조건들은 로봇 도입이 인적자본에 미치는 영향을 추정한 결과에 편의를 발생시킬 수 있다(Di Giacomo and Lerch, 2023).

한편, 위에서 구한 지역노동시장별 로봇 노출도를 이용하여 단순 회귀식을 추정하게 될 경우 내생성의 문제가 존재한다. 이는 관측 가능하지 않은 충격이 로봇 노출과 대학 등록에 동시에 영향을 줄 수 있기 때문이다. 따라서 본 연구에서는 Acemoglu and Restrepo(2020)와 유사하게 수식 (4-1)의 변화 구성 요소(Shift-component)에 대해 한국과 유사한 로봇 도입 양상을 나타낸 국가들의 로봇 재고 변화를 이용한 도구변수를 활용한다. 한국의 로

27) 최근의 Shift-share 디자인 관련 논의는 Goldsmith-Pinkham et al.(2020), Borusyak et al.(2022), Adao et al.(2019)을 참고.

봇 도입량은 2010년대 이후 전 세계적으로 가장 빠른 증가세를 보였고 절대적인 수치도 높은 편으로, 유사한 수준과 증가세를 나타낸 국가는 극히 드물다. 따라서 로봇 도입의 증가 양상이 유사한 대만, 말레이시아, 싱가포르를 선별하여 해당 국가들의 자료를 이용하였다. 또한, 산업별 고용 비중을 분석 대상 기간 이전인 2000년으로 설정하여 외생성을 확보하고자 했다.

$$\text{로봇 노출도}^{O}_{r,t} = \sum_{j \in 1}^{19} \frac{L_{r,j}}{L_r} \left[\frac{R^{O}_{j,t} - R^{O}_{j,t-1}}{L_j} \right] \tag{4-2}$$

이때, $R^{O}_{j,t}$는 국가 O에 속하는 대만, 말레이시아, 싱가포르의 시점 t에서의 산업 j의 로봇 재고를 의미한다.

도구변수 방법은 두 가지 가정을 필요로 한다. 첫째, 도구변수로 활용한 다른 국가들의 로봇 도입량이 한국의 로봇 도입량과 양의 상관관계를 가진다는 관련성 가정(relevance assumption)이다. 둘째, 다른 국가들의 로봇 도입량은 국내 노동시장 조건과 상관관계를 가지면 안 되는 배제 제약(exclusion restriction)이다. 본 연구의 경우 다른 국가들의 로봇 도입이 한국의 관측되지 않는 노동시장 요건들과 상관관계가 있을 확률이 상당히 낮으므로 배제 제약(exclusion restriction)과 외생성(exogeniety)을 만족시킨다고 볼 수 있고, 도구변수에 대한 1단계 추정 결과도 높게 나타나 관련성 조건이 만족하는 것으로 드러났다.

본 연구에서는 산업용 로봇 노출도가 지역노동시장별로 변화한 것을 이용하여 두 기간(2010~2015, 2015~2020)에 걸쳐 누적된 1차 차분 모형(stacked first-difference model)을 통해 분석한다. 추정방정식은 다음과 같이 주어진다.

$$\Delta s_{r,t} = \alpha + \beta \cdot \text{로봇 노출도}^{KR}_{r,t} + \boldsymbol{\delta X'}_{\boldsymbol{r,t}} + \varepsilon_{r,t} \tag{4-3}$$

여기서 $\Delta s_{r,t}$은 지역노동시장 r에서 시점 t와 $t-1$ 사이의 관심 변수인 인적자본의 변화, 로봇 노출도$^{KR}_{r,t}$는 지역노동시장 r의 시점 t에서의 로봇 노출도를 나타낸다. 특히, 종속변수인 $\Delta s_{r,t}$의 경우 대학 입학률의 변화, 대학 등록률의 변화, 전공선택의 변화 등을 포함하여 다양한 분석을 수행하였다. 또한, $X'_{r,t}$는 공변량 벡터로서 로봇 도입이 인적자본에 미치는 효과를 추정하는 데 혼란을 일으킬 수 있는 요인을 통제하기 위한 변수들을 포함했다. 공변량 변수로는 고숙련 및 저숙련 제조업 비중, 예상 지역 고용 변화율[28], 수입 노출도[29], 지역노동시장 인구의 인구통계학적 특성에 해당하는 대학 인구 비중, 여성 인구 비중, 25~34세 인구 비중, 35~44세 인구 비중, 45~54세 인구 비중 등이 포함된다. 또한 로봇 도입이 지역노동시장에 미치는 내생적인 요인들을 통제하기 위해 예상 지역 고용 변화율과 수입 노출도를 제외한 지역노동시장의 특성을 2010년 수준으로 고정하였다. 이러한 추정방정식을 이용하여 본 연구에서는 다른 국가들의 로봇 노출도$^{O}_{r,t}$를 한국의 로봇 노출도$^{KR}_{r,t}$ 변수에 대한 도구변수로 이용하여 2단계 최소 제곱 추정법을 통해 로봇 도입이 인적자본에 미친 영향을 추정하였다.

분석에서 사용한 지역노동시장권의 단위는 앞선 제3장에서 설명한 내용과 동일하게 윤윤규 외(2012)가 제안한 내용을 바탕으로 수정하였으며, 미국의 통근권과 유사한 개념이라고 볼 수 있다.[30]

2. 자 료

가. 로봇 자료(IFR World Robotics Data)

본 연구의 중요 설명변수인 지역노동시장권별 로봇 노출도는 국제로봇협회(IFR : International Federation of Robotics)에서 제공하는 산업별 로봇도입량 자료를 사용하여 계산하였다. 산업용 로봇은 사람의 추가적인 개입 없이 여러 수작업을 자동적으로 수행할 수 있도록 프로그램화된 기계장치를

---

28) 구체적인 내용은 제2장의 각주 1)을 참고. 예상 지역 고용 변화율은 지역의 로봇 도입으로 인한 노동시장의 변화가 아닌, 산업의 고용 변화로 인한 변화를 통제하기 위해 공변량 변수에 통제 변수로서 포함하였다.

29) 구체적인 내용은 제2장의 각주 2)를 참고. 지역의 수입 노출도는 산업별 종사자 1인당 한국의 수입 변화를 2010년의 지역노동시장의 산업별 고용 비중으로 가중 평균한 값을 의미함.

30) 본 장에서 사용한 지역노동시장권은 총 129개를 이용하였다. 구체적인 지역노동시장권은 제3장의 〈부표 3-1〉을 참고.

의미한다. 국제로봇협회는 산업용 로봇을 "자동 제어가 가능하고, 재프로그램화가 가능하며, 다양한 목적으로 조작가능하고, 3개 이상의 축에 대해 프로그램이 가능하며, 산업용 환경에서 자동 어플리케이션에 이용가능한 고정되거나 이동가능한 장치"라고 정의했다.[31] 국제로봇협회는 산업용 로봇의 출하량과 재고량을 로봇 공급자들로부터 매년 조사하여 자료를 작성한다. 2000년대 이후부터 국제 표준 산업분류(ISIC : International Standard Industrial Classification)에 맞춰 50여 개국의 산업별 로봇 출하량과 재고량을 제공한다. 본 연구에서는 국제로봇협회에서 분류한 기준을 한국표준산업분류(KSIC)에 맞춰 매칭하고 전국사업체조사와 결합하여 로봇 노출도를 계산하였다.

나. 교육기본통계조사

로봇 노출도가 대학 등록에 미친 영향을 분석하는 데 교육부가 주관하고 한국교육개발원(KEDI : Korean Educational Development Institute)에서 조사하여 생산하는 유·초·중등 교육기본통계조사, 고등교육기관 교육기본통계조사를 주로 이용했다. 또한, 이를 가공하여 제공하는 학교/학과별 자료도 포함하였다. 해당 자료들은 전국의 각급 교육기관별 학교, 학생, 교원, 직원 등의 교육 현황을 조사하여 매년 제공하고 있다. 고등교육기관 교육기본통계조사의 경우 각 교육기관별로 학교 기본정보, 학과 정보, 입학 및 재적 학생 수, 외국인 유학생 수, 졸업자 수, 교원 수 등을 상세히 제공하고 있으며, 유·초·중등 교육기본통계조사의 경우 전국의 행정구역 단위별로 각급 교육기관의 입학자 수, 졸업자 수, 진학 여부 등을 제공하고 있다.

먼저, 고등교육기관 교육기본통계조사의 경우에는 2011, 2016, 2021년의 행정구역별 재적, 재학생 수 및 학교 기본정보, 학과 정보 관련 자료를 이용하였다. 고등교육기관 자료의 경우에는 행정구역별 자료를 2011년부터 제공하고 있는 관계로 분석 기간을 2010년 이후로 설정했다. 해당 자료는 각 시·군·구별로 위치한 고등교육기관(전문대학, 교육대학, 일반대학, 방송

31) https://ifr.org/industrial-robots(2024. 9. 20. 접속)

통신대학, 산업대학, 기술대학, 각종 대학, 원격 및 사이버대학, 사내대학, 전공대학, 기능대학, 대학원)의 자료를 구분하여 세세히 제공한다. 본 연구에서는 4년제에 해당하는 일반대학 및 2년제에 해당하는 전문대학과 기능대학을 주 분석 대상에 포함했다. 또한, 학교별, 학과별 주요 현황 자료를 추가적으로 이용하여 대학 졸업생들의 전공계열 변수를 활용하였다. 한편, 지역노동시장권의 대학 등록률은 19~60세 인구 대비 대학에 등록한 학생 수를 기준으로 산출하였다. 이를 위해 인구동향조사 자료를 이용하여 시군구별 19~60세 인구를 지역노동시장에 매칭하여 이용하였다. 표본을 19~60세로 한정한 이유는, 대학을 진학하는 나이가 보통 고등학교 졸업 이후인 점과 대학 등록 여부가 노동시장에 미치는 영향이 개별 노동자가 은퇴를 하기 전까지인 60세까지 유효하다고 판단했기 때문이다. 이 자료를 이용한 분석은 대학 등록률을 대학이 위치한 지역노동시장권 단위를 기반으로 한다고 할 수 있다.

대학 등록률은 앞서 설명한 지역노동시장권 129개별로 해당 지역의 19~60세 인구 대비 대학 등록 인구 비율로서 다음 수식과 같이 설정했다.

$$s_{r,t} = \frac{S_{r,t}}{N_{r,t}} \tag{4-4}$$

여기서 $S_{r,t}$와 $N_{r,t}$는 각각 지역노동시장권 r의 시점 t에서의 대학 등록 인구와 19~60세 인구를 의미한다.

다음으로, 유 · 초 · 중등 교육기본통계조사의 2011, 2016, 2021년의 행정구역별 입학 및 졸업 후 상황 자료를 이용하였다. 해당 자료는 전국의 시군구 행정구역별로 구분되어 있으며, 학제에 따라 해당 시군구에서 각급 학교로 입학자, 졸업자에 대한 정보를 세부적으로 구분하여 제공하고 있어 고등학교 졸업자의 진학률에 대한 분석이 가능하다. 분석 표본은 분석 대상 연도인 2010, 2015, 2020년에 고등학교 3학년이었던 학생들로 한정하였으며, 이들의 졸업 후 대학 진학 여부를 조사한 차년도인 2011, 2016, 2021년의 조사 자료를 이용했다. 따라서 분석 표본은 졸업한 고등학교가 위치한 주소지의 행정구역을 지역노동시장권에 매칭하여 각 지역노동시장권별 전체 졸업자 수와 대학 진학자 수를 구하여 이를 이용하였다. 이 자료를 이용한 분석은 대학 진학률에 대해 졸업한 위치를 기반으로 살펴본다고 할 수 있다.

[그림 4-1]은 분석에 이용한 국가들의 노동자 1천 명당 로봇 도입 대수와 증가율을 보여준다. 한국의 경우 2010년대 이후 급격한 증가를 보이며 다른 국가들과 큰 차이를 나타냈으며, 대만과 싱가포르 역시 빠르게 증가한 것을 볼 수 있다. 한편 증가율을 살펴보면 분석에 포함한 국가들 모두 높은 증가율을 보인 것을 확인할 수 있다.

다음으로, [그림 4-2]는 1990년부터 2024년까지 연도별 대학 재적학생 수를 나타낸다. 한국의 대학 재적학생 수는 1990년대 대학 정원 자율화에 따라 급격하게 증가하여 1990년 약 150만 명에서 2배 정도로 증가하여 2010년대 초반 약 300만 명에 이르렀다. 한편, 2010년대 들어 대학 구조조정으로 인한 입학정원 감축, 학령인구 감소, 대학 진학률 하락 등의 원인으로 대학 재적학생 수도 역시 감소하는 추세를 보였으며, 2020년대에 들어서는 250만 명 아래로 떨어지는 모습을 나타냈다.

[그림 4-1] 국가별 노동자 1,000명당 로봇 수 및 증가율

(단위 : 대, %)

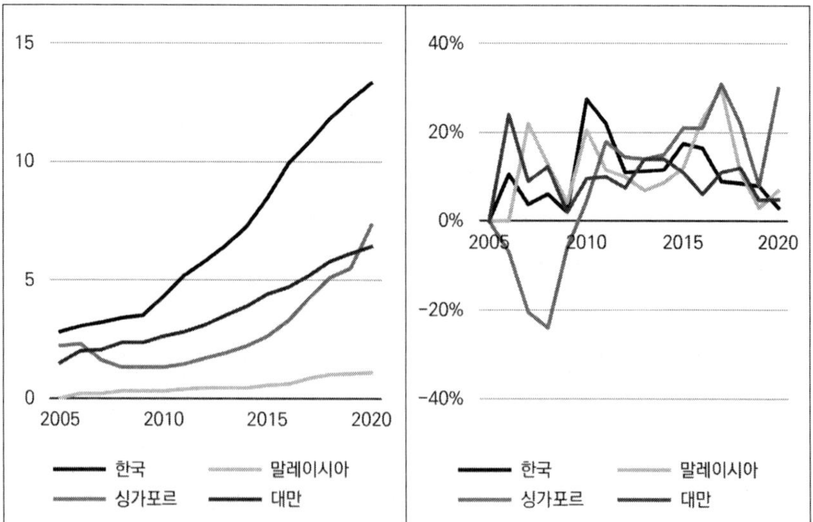

자료 : 국제로봇협회 국가별 자료를 사용하여 저자 작성. 국가별 종사자 수의 경우 OECD 고용데이터와 World Bank Data, National Statistics, Republic of China (Taiwan) 자료를 활용.

[그림 4-2] 연도별 대학 재적학생 수

(단위 : 천 명)

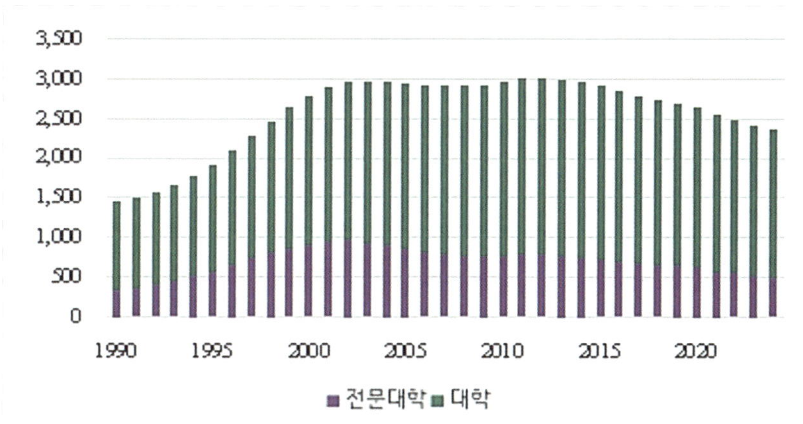

자료 : 한국교육개발원, 『교육통계』, 각 연도.

[그림 4-3] 2010~2020년 로봇 노출도 분포

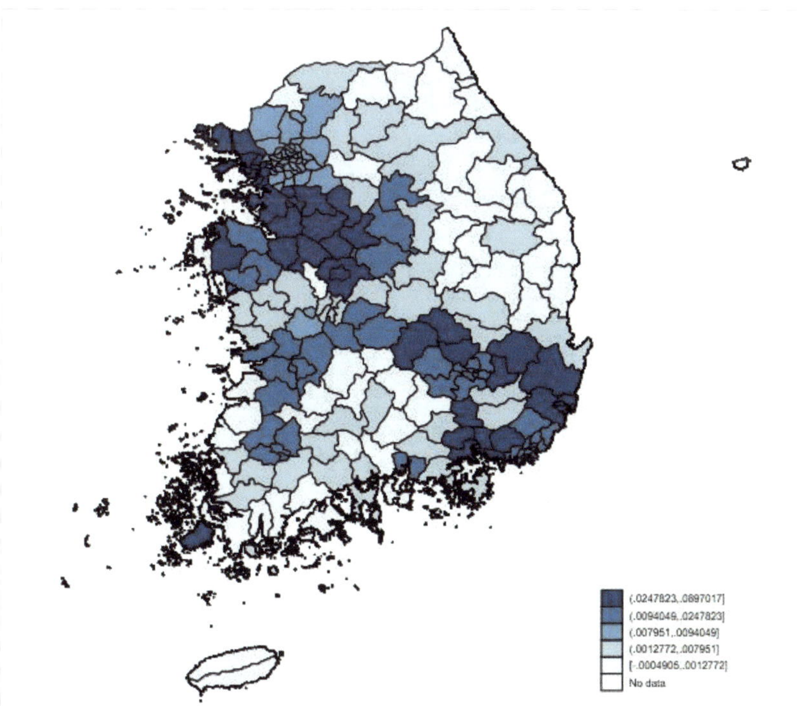

자료 : 국제로봇협회 자료와 전국사업체조사 자료를 사용하여 저자 작성.

[그림 4-3]은 2010년부터 2020년까지 한국의 로봇 노출도를 지역노동시장권별로 보여준다. 지도상에서 로봇 노출도가 높은 지역들은 경기 남부권의 수원, 화성, 용인, 오산, 안산, 시흥, 평택, 이천 등과 충북 청주, 충남 아산, 울산, 경북 구미 등으로 나타났다. 이들 지역은 반도체와 자동차 산업에 특화된 기업들이 주로 위치하는 곳으로, 생산공정에 로봇을 많이 도입한 것으로 알려져 있다.

[그림 4-4]는 2010년 대비 2020년 지역노동시장권별 대학 재적학생 수의 변화를 나타낸다. 지도에서 파란색은 진해질수록 해당 기간 동안 대학 재적학생 수가 많이 증가한 곳을 나타내고 노란색, 오렌지색, 빨간색으로 갈수록

[그림 4-4] 2010~2020년 사이 대학 재적학생 수 변화

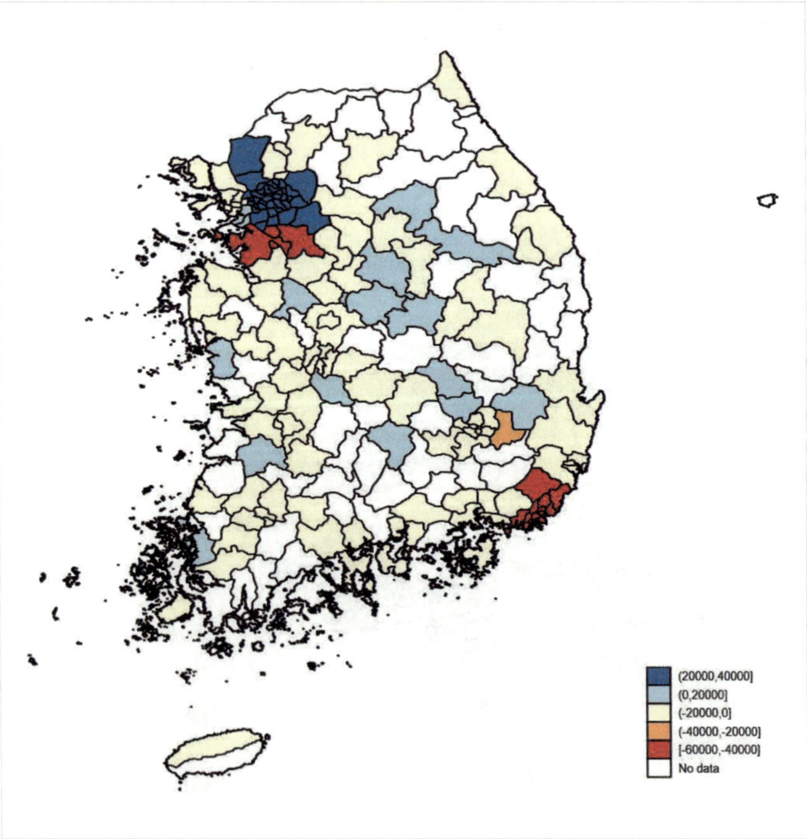

자료 : 한국교육개발원 자료와 전국사업체조사 자료를 사용하여 저자 작성.

〈표 4-1〉 주요 변수 기술통계

변수	종속변수			
	평균	표준편차	최솟값	최댓값
대학 등록률 변화	-0.006	0.014	-0.228	0.090
대학 등록률 변화 : 재학	-0.002	0.010	-0.169	0.060
대학 등록률 변화 : 휴학	-0.003	0.006	-0.059	0.039
대학 등록률 변화 : 4년제	-0.002	0.012	-0.228	0.090
대학 등록률 변화 : 2년제	-0.003	0.006	-0.067	0.020
대학 등록률 변화 : 국립	6.04e-05	0.005	-0.043	0.061
대학 등록률 변화 : 사립	-0.006	0.014	-0.228	0.090
전공 선택률 변화 : 인문	-0.006	0.016	-0.247	0.064
전공 선택률 변화 : 사회	-0.018	0.035	-0.576	0.330
전공 선택률 변화 : 자연	-0.002	0.014	-0.094	0.109
전공 선택률 변화 : 공학	0.014	0.029	-0.128	0.257
전공 선택률 변화 : 의약	0.017	0.025	-0.312	0.266
전공 선택률 변화 : 교육	-0.0003	0.012	-0.109	0.034
전공 선택률 변화 : 예체능	-0.006	0.014	-0.131	0.147
변수	통제변수			
	평균	표준편차	최솟값	최댓값
고숙련 제조업 비중	0.035	0.033	0.000	0.167
저숙련 제조업 비중	0.039	0.016	0.010	0.136
예상 지역 고용 변화율	0.007	0.001	0.003	0.010
수입 노출도	-568	32,633	-939,241	6,239
대학 졸업 인구 비중	0.344	0.037	0.211	0.386
여성인구 비중	0.509	0.007	0.483	0.550
25~34세 인구 비중	0.170	0.022	0.067	0.206
35~44세 인구 비중	0.182	0.016	0.104	0.222
45~54세 인구 비중	0.146	0.013	0.112	0.177
로그 인구	14.730	1.590	10.196	16.525
변수	로봇 노출도			
	평균	표준편차	최솟값	최댓값
$\Delta robot_{it}^{korea}$	0.0034	0.0058	-0.0007	0.0434
$\Delta robot_{it}^{other}$	0.0011	0.0022	-0.0007	0.0188

자료 : 국제로봇협회 자료, 전국사업체조사 자료, 인구주택총조사 2% 표본자료를 이용하여 저자 작성.

대학 재적학생 수가 많이 감소한 곳을 나타낸다. 가장 눈에 띄는 점은 수도권 지역과 비수도권 지역의 극명한 차이이다. 대학 재적학생이 많이 증가한 곳은 서울과 경기도 일부에 그치고 있으며, 지역의 거점 도시 위주만 소폭 늘어난 것으로 나타났다. 반면, 이들을 제외한 대부분 지역에서는 대학 재적학생 수의 감소를 기록하며 차별되는 모습을 보였다.

마지막으로, 〈표 4-1〉은 분석에 사용한 주요 변수들의 기술 통계량을 제시한다. 2010년부터 2020년까지 대학 등록률은 평균 0.6ppts 감소하였는데 재적학생을 재학생과 휴학생으로 구분하여 보면 각각 0.2ppts, 0.3ppts 감소한 것으로 나타났다. 학제에 따라 4년제와 2년제로 구분하여 보면 각각 0.2ppts, 0.3ppts 감소한 것으로 나타났다. 다음으로, 설립 주체별로 국·공립대학과 사립대학으로 구분하여 보면 국·공립대는 거의 변화가 없던 반면 사립대는 0.6ppts가 감소하는 모습을 보였다. 졸업생들의 전공 선택률을 살펴보면 인문, 사회, 자연, 교육, 예체능 계열이 모두 감소하였으나 공학, 의약 계열은 증가한 것으로 나타났다. 분석에 이용된 주요 독립변수인 로봇 노출도의 경우 2010년부터 2020년까지 지역의 로봇 도입 대수는 노동자 1천 명당 평균 3.4대 늘어났다. 같은 기간 중 도구변수로 이용한 다른 국가들의 평균 로봇 도입 대수는 노동자 1천 명당 1.1대 증가한 것을 볼 수 있다.

제4절 분석 결과

1. 대학 등록에 미치는 영향

〈표 4-2〉는 로봇 노출 정도가 대학 등록에 미치는 영향을 분석한 결과를 제시한다. 종속변수는 대학 등록률로써 앞선 제3절의 분석 방법에서 보인 수식 (4-4)와 같으며, 해당 지역노동시장에 거주하는 19~60세 인구 대비 대학 재적학생 수로 정의된다. 대학 재적학생 수는 재학생 수와 휴학생 수로 구성되기 때문에, 이를 각각 구분한 결과도 함께 제시한다. 분석을 위해 교

육기본통계조사 자료에서 대학 재적, 재학, 휴학 중인 학생 수를 구하고, 인구동향조사 자료에서 19~60세 인구수를 이용하였다. 패널 A는 수식 (4-3)에 나와 있는 추정방정식을 이용하여 내생성을 고려하지 않은 기본적인 다중회귀분석(OLS)을 이용한 결과를 나타내며, 패널 B는 다른 국가들의 로봇 노출도를 도구변수로 활용한 2단계 최소자승추정 결과를 제시한다. 각 패널마다 광역권역 고정효과와 연도 고정효과만을 통제한 결과와 추가적인 공변량 변수들이 포함된 추정 결과를 구분하여 제시하였다. 분석 결과를 살펴보면, 모두 로봇 도입이 대학 등록률에 부정적인 효과를 보였음을 알 수 있다. 먼저 재적학생 수 비율 변화에 미친 영향을 살펴보면, 광역권역 고정효과와 연도 고정효과만을 포함한 OLS 분석 결과 로봇 노출도 1 표준편차(노동자 1천 명당 로봇 3.4대) 증가 시 0.4퍼센티지 포인트(ppts) 감소하는 것으로 나타났다. 또한 도구변수 추정 결과는 마찬가지로 로봇 노출도 1 표준편차 증가 시 0.4ppts 감소하는 것으로 나타났다. 이를 재학 중인 학생 수 비율과 휴학 중인 학생 수 비율로 나누어 분석해 보면, 도구변수 추정 결과 재학은 0.3ppts, 휴학은 0.1ppts 감소하는 것으로 나타나 재학 중인 학생들이 더 크게 영향을 받은 것으로 나타났다.[32] 또한, 오른쪽 3개 열에는 인구변수, 수입 노출도, 제조업 비율 등을 모두 통제하여 추정한 결과를 보여준다. 이들 결과도 대부분 유사하게 나타났으며, 도구변수 추정 결과 로봇 도입이 대학 등록에 미치는 영향은 부정적인 것으로 나타났다. 직접적인 대학 등록률의 변화를 살펴보기 위해 2010년부터 2020년까지 로봇 도입 증가로 인한 효과를 계산한 결과 로봇 도입으로 인해 변한 대학 등록률은 약 1.19ppts 감소한 것으로 나타났다.[33]

다음으로, 〈표 4-3〉은 로봇 도입이 대학 등록에 미치는 영향을 학제에 따

32) 재학과 휴학 사이의 상호 대체성이 존재할 수 있으나, 본 장의 분석에서는 일관되게 재적학생 비율 변화에 더불어 재학, 휴학 모두 부정적인 영향이 나타나고 있다. 이는 기회비용의 변화로 인한 대체효과보다는 노동시장의 구조 변화가 영향을 미쳤다고 볼 수 있다. 보다 정확한 파악을 위해서는 별도 모형을 이용한 분석이 필요하나 향후 연구에서 분석할 것을 기약한다.

33) 2010년부터 2020년까지 우리나라의 로봇 도입 수는 근로자 1,000명당 13.9대인 것으로 나타났다. 따라서 로봇 도입으로 감소한 대학 등록률은 $0.5\times\frac{13.9}{5.8}=1.19$인 것으로 나타났다.

〈표 4-2〉 로봇 노출 정도가 대학 등록에 미치는 영향

Panel A	OLS					
	재적	재학	휴학	재적	재학	휴학
로봇 노출도	-0.004***	-0.003***	-0.001***	-0.007***	-0.004***	-0.003***
	(0.001)	(0.001)	(0.0004)	(0.003)	(0.002)	(0.001)
R-squared	0.178	0.175	0.156	0.277	0.250	0.292
Panel B	IV					
	재적	재학	휴학	재적	재학	휴학
로봇 노출도	-0.004***	-0.003***	-0.001**	-0.005***	-0.003***	-0.001
	(0.001)	(0.001)	(0.0005)	(0.002)	(0.001)	(0.001)
광역권역FE	○	○	○	○	○	○
연도FE	○	○	○	○	○	○
인구변수				○	○	○
수입 노출도				○	○	○
제조업 비율				○	○	○
Observations	149	149	149	149	149	149
R-squared	0.178	0.175	0.156	0.274	0.249	0.285
First stage F	582.1	582.1	582.1	159.4	159.4	159.4

주 :〈표 4-2〉는 지역의 로봇 노출 정도가 1 표준편차(근로자 1,000명당 3.4대) 증가했을 때, 대학 등록에 미치는 영향을 나타냄. 제시한 분석결과 모두에 대해 연도 고정효과, 광역권역 고정효과, 고숙련 및 저숙련 제조업 비중, 예상 지역 고용 변화율, 수입 노출도, 대학 인구 비중, 여성 인구 비중, 25~34세 인구 비중, 35~44세 인구 비중, 45~54세 인구 비중을 통제하여 추정하였음. 도구변수 추정을 위해 다른 국가의 로봇 도입 대수를 이용하여 도구변수로 활용함. *, **, ***는 각각 10%, 5%, 1% 수준에서 통계적으로 유의함.

자료 : 교육기본통계조사, 국제로봇협회, 전국사업체조사, UNComtrade, 인구주택총조사 2% 표본 자료를 활용하여 저자 작성.

라 4년제와 2년제로 구분하여 제시한다. 결과는 2년제의 경우 부정적인 효과가 나타났으나, 4년제의 경우 통계적으로 유의미한 영향이 나타나지 않았다. 로봇 노출도 1 표준편차의 증가는 2년제의 대학 등록률을 0.3ppts 감소시키는 것으로 나타났다. 이러한 결과는 2년제의 대학 등록률이 지역노동시장 조건에 더욱 민감하게 반응한다는 선행연구와 일치하는 경향을 보인다(Hickman and Olney, 2011; Di Giacomo and Lerch, 2023).

〈표 4-3〉 로봇 노출 정도가 대학 등록에 미치는 영향(학제별)

Panel A	OLS		
	대학전체	4년제	2년제
로봇 노출도	-0.007***	-0.009***	-0.002*
	(0.003)	(0.003)	(0.001)
Constant	-1.147	-0.753	-0.256
	(0.733)	(0.819)	(0.353)
R-squared	0.277	0.267	0.317
Panel B	**IV**		
	대학전체	4년제	2년제
로봇 노출도	-0.005***	-0.005	-0.003*
	(0.002)	(0.004)	(0.001)
Constant	-1.027	-0.435	-0.271
	(0.698)	(0.787)	(0.354)
Observations	149	108	125
R-squared	0.274	0.257	0.316
First stage F	159.4	69.4	88.8

주 : 〈표 4-3〉은 지역의 로봇 노출 정도가 1 표준편차(근로자 1,000명당 3.4대) 증가했을 때, 대학 등록에 미치는 영향을 4년제와 2년제로 구분하여 나타냄. 제시한 분석결과 모두에 대해 연도 고정효과, 광역권역 고정효과, 고숙련 및 저숙련 제조업 비중, 예상 지역 고용 변화율, 수입 노출도, 대학 인구 비중, 여성 인구 비중, 25~34세 인구 비중, 35~44세 인구 비중, 45~54세 인구 비중을 통제하여 추정하였음. 도구변수 추정을 위해 다른 국가의 로봇 도입 대수를 이용하여 도구변수로 활용함. *, **, ***는 각각 10%, 5%, 1% 수준에서 통계적으로 유의함.

자료 : 교육기본통계조사, 국제로봇협회, 전국사업체조사, UNComtrade, 인구주택총조사 2% 표본 자료를 활용하여 저자 작성.

이어서 〈표 4-4〉는 대학 재적학생을 재학생과 휴학생으로 구분하여 로봇 노출도가 증가했을 때 미치는 영향을 학제별로 제시한다. 도구변수 추정 결과를 보면, 2년제에 재학 중인 학생 비율에만 유의한 것을 확인할 수 있으며 휴학에는 영향이 없는 것으로 나타났다.

〈표 4-5〉는 로봇 도입이 대학 등록에 미치는 영향을 설립 주체별로 국·공립대[34]와 사립대로 구분하여 제시한다. 분석 결과는 로봇 도입에 사립대

〈표 4-4〉 로봇 노출 정도가 대학 재학 · 휴학에 미치는 영향(학제별)

Panel A	OLS			
	재학		휴학	
	4년제	2년제	4년제	2년제
로봇 노출도	-0.005**	-0.001*	-0.004***	-0.001
	(0.002)	(0.001)	(0.001)	(0.001)
Constant	-0.332	-0.027	-0.420	-0.229
	(0.505)	(0.286)	(0.356)	(0.142)
R-squared	0.244	0.263	0.304	0.285
Panel B	**IV**			
	재학		휴학	
	4년제	2년제	4년제	2년제
로봇 노출도	-0.003	-0.002**	-0.002	-0.0004
	(0.002)	(0.001)	(0.001)	(0.001)
Constant	-0.157	-0.050	-0.278	-0.221
	(0.496)	(0.285)	(0.338)	(0.144)
Observations	108	125	108	125
R-squared	0.237	0.258	0.291	0.283
First stage F	69.4	88.8	69.4	88.8

주 : 〈표 4-4〉는 지역의 로봇 노출 정도가 1 표준편차(근로자 1,000명당 3.4대) 증가했을 때, 대학 재학 · 휴학에 미치는 영향을 학제별로 구분하여 나타냄. 제시한 분석결과 모두에 대해 연도 고정효과, 광역권역 고정효과, 고숙련 및 저숙련 제조업 비중, 예상 지역 고용 변화율, 수입 노출도, 대학 인구 비중, 여성 인구 비중, 25~34세 인구 비중, 35~44세 인구 비중, 45~54세 인구 비중을 통제하여 추정하였음. 도구변수 추정을 위해 다른 국가의 로봇 도입 대수를 이용하여 도구변수로 활용함. *, **, ***는 각각 10%, 5%, 1% 수준에서 통계적으로 유의함.

자료 : 교육기본통계조사, 국제로봇협회, 전국사업체조사, UNComtrade, 인구주택총조사 2% 표본 자료를 활용하여 저자 작성.

에 등록한 학생들이 더 크게 반응한다는 점을 나타낸다. 로봇 노출도 1 표준편차 증가 시 사립대의 경우 0.7ppts만큼 대학 등록률이 감소했으나, 국립대의 경우 통계적으로 유의미한 영향이 없는 것으로 나타났다. 이러한 차이

34) 국 · 공립대에는 국립, 공립, 국립대 법인, 특별법 법인을 모두 포함한다.

〈표 4-5〉 로봇 노출 정도가 대학 등록에 미치는 영향(설립주체별)

	OLS		IV	
	국립	사립	국립	사립
로봇 노출도	0.001	-0.010***	-0.0003	-0.007*
	(0.001)	(0.003)	(0.002)	(0.004)
Constant	-0.304	-0.462	-0.368	-0.383
	(0.638)	(0.658)	(0.685)	(0.661)
Observations	63	137	63	137
R-squared	0.317	0.298	0.316	0.294
First stage F			23.1	70.9

주 : 〈표 4-5〉는 지역의 로봇 노출 정도가 1 표준편차(근로자 1,000명당 3.4대) 증가했을 때, 대학 등록에 미치는 영향을 설립 주체별로 구분하여 나타냄. 제시한 분석결과 모두에 대해 연도 고정효과, 광역권역 고정효과, 고숙련 및 저숙련 제조업 비중, 예상 지역 고용 변화율, 수입 노출도, 대학 인구 비중, 여성 인구 비중, 25~34세 인구 비중, 35~44세 인구 비중, 45~54세 인구 비중을 통제하여 추정하였음. 도구변수 추정을 위해 다른 국가의 로봇 도입 대수를 이용하여 도구변수로 활용함. *, **, ***는 각각 10%, 5%, 1% 수준에서 통계적으로 유의함.

자료 : 교육기본통계조사, 국제로봇협회, 전국사업체조사, UNComtrade, 인구주택총조사 2% 표본 자료를 활용하여 저자 작성.

는 사립대와 국 · 공립대의 학비 수준 차이로 인해 로봇 도입으로 인한 기회비용 변화에 대응하는 방식이 상이하게 나타났을 가능성을 시사한다. 또한 국 · 공립대는 지역 균형을 고려하여 설립된 경우가 많기 때문에 로봇 도입의 지역적 충격이 사립대에 비해 낮게 나타날 가능성도 존재한다.

로봇 도입과 관련된 흥미로운 변화는 대학생들의 전공선택이다. 노동시장 여건의 변화로 인해 구직활동을 앞둔 졸업생들이 자신의 전공을 선택하는 데 미친 영향을 살펴보고자 한다. 이를 위해 고등교육기관 교육기본통계조사에서 졸업생들의 전공계열을 7개(인문, 사회, 자연, 공학, 의약, 교육, 예체능)로 구분하고 각 지역노동시장별로 전체 졸업생 대비 해당 전공계열을 선택한 졸업생들의 비율을 계산하였다. 〈표 4-6〉에서 볼 수 있듯이, 로봇 노출도는 공학 계열의 졸업생 비율을 높였으나 예체능 계열의 졸업생 비율은 낮춘 것으로 나타났다. 주지하다시피, 공학 계열은 자동화 기술 발전으로

〈표 4-6〉 로봇 노출 정도가 전공선택에 미치는 영향

	인문	사회	자연	공학
로봇 노출도	-0.001	-0.007	0.002	0.014**
	(0.005)	(0.008)	(0.005)	(0.007)
Constant	2.369*	-0.456	-0.958	0.742
	(1.239)	(1.565)	(0.945)	(1.739)
Observations	113	109	105	105
R-squared	0.354	0.423	0.252	0.465
First stage F	99.96	99.29	97.85	97.85
	의약	교육	예체능	
로봇 노출도	0.003	0.003	-0.010***	
	(0.007)	(0.003)	(0.004)	
Constant	-1.905	1.264	-0.960	
	(1.196)	(0.770)	(1.214)	
Observations	103	100	100	
R-squared	0.437	0.326	0.296	
First stage F	103.29	102.48	102.48	

주 : 〈표 4-6〉은 지역의 로봇 노출 정도가 1 표준편차(근로자 1,000명당 3.4대)가 증가했을 때, 대학 졸업생들의 전공선택에 미치는 영향을 나타냄. 제시한 분석 결과 모두에 대해 연도 고정효과, 광역권역 고정효과, 고숙련 및 저숙련 제조업 비중, 예상 지역 고용 변화율, 수입 노출도, 대학 인구 비중, 여성 인구 비중, 25~34세 인구 비중, 35~44세 인구 비중, 45~54세 인구 비중을 통제하여 추정하였음. 도구변수 추정을 위해 다른 국가의 로봇 도입 대수를 이용하여 도구변수로 활용함. *, **, ***는 각각 10%, 5%, 1% 수준에서 통계적으로 유의함.

자료 : 교육기본통계조사, 국제로봇협회, 전국사업체조사, UNComtrade, 인구주택총조사 2% 표본 자료를 활용하여 저자 작성.

인한 일자리가 생성되는 주된 분야이며 이러한 변화는 예상과 합치한다고 할 수 있다.

2. 대학 입학에 미치는 영향

한편, 〈표 4-7〉은 〈표 4-2〉부터 〈표 4-6〉까지의 분석과는 달리 고등학교 졸업생들만을 분석 대상 표본으로 정하여 로봇 도입이 대학 입학에 미치는

영향에 대해 살펴본다. 앞선 분석 결과들이 19~60세 인구 대비 대학 등록 인구 비율을 계산하여 노동시장 전반의 동학을 포함한 결과를 나타냈다면, 유・초・중등 교육기본통계조사 자료를 활용한 본 분석은 고등학생들의 직접적인 대학 진학률에 미치는 영향에 대해 분석한다. 이를 통해 고등학생들의 교육 선택에 미친 영향을 보다 명확히 파악할 수 있다. 결과를 살펴보면, 로봇 도입으로 인해 고등학교 졸업생들의 대학 진학은 감소한 것을 알 수 있다. 로봇 노출도가 1 표준편차 증가했을 때, 전체 대학 진학률은 0.8ppts

〈표 4-7〉 로봇 노출 정도가 대학 입학에 미치는 영향

Panel A	OLS		
	대학전체	4년제	2년제
로봇 노출도	-0.006	-0.001	-0.004
	(0.004)	(0.003)	(0.003)
Constant	0.723	0.315	0.895
	(0.892)	(0.903)	(0.699)
R-squared	0.697	0.753	0.353
Panel B	IV		
	대학전체	4년제	2년제
로봇 노출도	-0.008*	-0.001	-0.007*
	(0.005)	(0.004)	(0.004)
Constant	0.622	0.327	0.781
	(0.836)	(0.900)	(0.730)
Observations	258	258	258
R-squared	0.696	0.753	0.351
First stage F	127.4	127.4	127.4

주 : 〈표 4-7〉은 지역의 로봇 노출 정도가 1 표준편차(근로자 1,000명당 3.4대)가 증가했을 때, 고등학교 졸업생의 대학 입학에 미치는 영향을 나타냄. 제시한 분석결과 모두에 대해 연도 고정효과, 광역권역 고정효과, 고숙련 및 저숙련 제조업 비중, 예상 지역 고용 변화율, 수입 노출도, 대학 인구 비중, 여성 인구 비중, 25~34세 인구 비중, 35~44세 인구 비중, 45~54세 인구 비중을 통제하여 추정하였음. 도구변수 추정을 위해 다른 국가의 로봇 도입 대수를 이용하여 도구변수로 활용함. *, **, ***는 각각 10%, 5%, 1% 수준에서 통계적으로 유의함.

자료 : 교육기본통계조사, 국제로봇협회, 전국사업체조사, UNComtrade, 인구주택총조사 2% 표본 자료를 활용하여 저자 작성.

줄어드는 것으로 나타났으며, 이를 학제별로 구분하여 살펴보면 4년제 대학에는 통계적으로 유의미한 영향이 없는 것으로 나타났으나 2년제의 경우 0.7ppts 감소하는 것으로 나타났다. 2년제 대학 진학률의 감소는 학생들이 노동시장에 대한 전망을 고려하여 대학 진학 결정을 조정했을 가능성을 시사한다. 이는 2년제 대학에 진학하려는 학생들이 로봇화로 인한 노동시장의 구조 변화에 더 민감하게 반응했음을 나타낸다.

다음으로, 〈표 4-8〉은 고등교육기관 기본교육통계조사 자료를 이용하여

〈표 4-8〉 로봇 노출 정도가 대학 입학생의 전공선택에 미치는 영향

Panel A	OLS				
	인문	사회	자연	공학	의약
로봇 노출도	-0.005*	-0.005	-0.003	0.013	-0.004
	(0.003)	(0.006)	(0.003)	(0.011)	(0.007)
Constant	0.873	-0.425	-1.080*	-0.773	1.996
	(0.676)	(1.846)	(0.652)	(1.866)	(2.530)
R-squared	0.636	0.483	0.609	0.399	0.301
Panel B	IV				
	인문	사회	자연	공학	의약
로봇 노출도	-0.004	-0.004	-0.001	0.016	-0.002
	(0.003)	(0.007)	(0.004)	(0.013)	(0.009)
Constant	0.894	-0.345	-1.021	-0.656	2.101
	(0.690)	(1.825)	(0.673)	(1.900)	(2.580)
Observations	147	147	147	147	147
R-squared	0.636	0.483	0.609	0.398	0.301
First stage F	157.3	157.3	157.3	157.3	157.3

주 : 〈표 4-8〉은 지역의 로봇 노출 정도가 1 표준편차(근로자 1,000명당 3.4대) 증가했을 때, 대학 입학생의 전공선택에 미치는 영향을 나타냄. 제시한 분석결과 모두에 대해 연도 고정효과, 광역권역 고정효과, 고숙련 및 저숙련 제조업 비중, 예상 지역 고용 변화율, 수입 노출도, 대학 인구 비중, 여성 인구 비중, 25~34세 인구 비중, 35~44세 인구 비중, 45~54세 인구 비중을 통제하여 추정하였음. 도구변수 추정을 위해 다른 국가의 로봇 도입 대수를 이용하여 도구변수로 활용함. *, **, ***는 각각 10%, 5%, 1% 수준에서 통계적으로 유의함.

자료 : 교육기본통계조사, 국제로봇협회, 전국사업체조사, UNComtrade, 인구주택총조사 2% 표본 자료를 활용하여 저자 작성.

로봇 노출이 대학 입학생들의 전공선택에 미친 영향을 분석한다. 로봇 도입과 자동화 기술 발전 등이 산업별 노동수요에 영향을 미칠 수 있기 때문에, 이러한 점을 대학 입학생들이 전공 선택 시 반영했을 가능성에 대해 살펴본다. 분석 결과, 로봇 도입으로 인한 대학 입학생들의 전공선택에는 통계적으로 유의미한 효과가 없는 것으로 나타났다. 이 결과는 앞선 〈표 4-6〉에서 제시한 대학 졸업생들의 전공선택 결과와는 달리, 대학에 진학하는 입학생들의 전공선택에는 별 영향을 미치지 못하는 모습을 보였다. 이는 대학 입학생의 경우 아직 산업 변화나 노동수요 변화에 대한 정보가 부족한 면과, 기술 변화가 입학 시 전공선택에 직접적 고려 요인이 되지 않을 가능성을 시사한다. 다만, 향후 대학 입학생들의 전공이 졸업 시점에 어떻게 변화하는지 살펴보는 것도 의미 있는 결과를 제시할 것으로 보인다.

3. 메커니즘 분석

마지막으로, 로봇 노출이 인적자본 축적에 영향을 미치는 메커니즘을 살펴본다. 기존 연구들은 로봇 도입이 저숙련 노동자의 고용과 임금에 부정적인 영향을 미치는 결과를 제시하기도 했으며, 일부는 긍정적인 효과를 나타내기도 했다. 그러나 앞선 제3장의 분석에서 한국의 로봇 도입은 제조업과 비제조업의 고용과 임금 모두에 긍정적인 영향을 미친 것으로 나타났다. 더 나아가, 본 장의 분석 결과에 따르면 로봇 도입이 대학 등록률 감소와 연관이 있는 것으로 확인되었다. 이에 따라, 로봇 도입이 대학 등록의 기회비용에 미친 변화를 살펴보기 위해 학력 수준별로 로봇 도입이 임금에 미치는 효과를 살펴봤다.

〈표 4-9〉는 지역별 고용조사 자료를 활용하여 로봇 노출이 학력 수준별 25~60세 인구의 월 평균 임금에 미친 영향을 보여준다.[35] 분석 결과, 로봇 도입은 고졸 이하 노동자들의 임금을 상승시키는 효과를 보였으나, 초대졸 이상 노동자들의 임금에는 통계적으로 유의미한 영향을 미치지 않았다. 또한, 학력 프리미엄은 로봇 도입으로 인해 감소한 것으로 나타났다. 결과를

---

35) 대학을 졸업하는 나이를 25세 이후로 가정하고, 은퇴연령인 60세를 기준으로 삼아 25~60세에 대해 분석하였다.

토대로 살펴보면, 로봇 도입은 저숙련 노동자의 임금 상승과 함께 대학 등록의 기회비용을 증가시켰을 가능성이 있으며, 이로 인해 고졸 이하 저숙련 노동자의 대학 진학 유인이 약화되었을 수 있다. 학력 프리미엄의 감소는 고숙련 노동에 대한 수요가 크게 증가하지 않았거나, 저숙련 노동의 생산성을 보완하는 방향으로 로봇 도입이 이뤄졌을 가능성을 시사한다. 마지막으로, 로봇 도입은 제조업과 비제조업 모두에서 전반적인 생산성을 향상시키면서 대학 학위의 필요성이 낮은 직업의 고용 기회를 확대했을 가능성도 있다. 이러한 변화는 대학 등록률 감소의 또 다른 원인으로 작용했을 수 있다.

〈표 4-9〉 로봇 노출도와 학력 수준별 월 평균 임금

	전체	고졸 이하	초대졸 이상	임금 프리미엄
로봇 노출도	0.0179 (0.0111)	0.0419*** (0.0137)	0.0004 (0.0127)	-0.0415** (0.0181)
Constant	1.290** (0.503)	0.911 (0.711)	1.782** (0.718)	0.871 (1.077)
Observations	258	258	258	258
R-squared	0.976	0.981	0.942	0.838
Mean in 2010	110.6	80.31	171.3	
First stage F	34.31	34.31	34.31	34.31

주 : 〈표 4-9〉는 지역의 로봇 노출 정도가 1 표준편차(근로자 1,000명당 3.4대) 증가했을 때, 학력 수준별 월 평균 임금에 미치는 영향을 나타냄. 제시한 분석결과 모두에 대해 연도 고정효과, 광역권역 고정효과, 고숙련 및 저숙련 제조업 비중, 예상 지역 고용 변화율, 수입 노출도, 대학 인구 비중, 여성 인구 비중, 25~34세 인구 비중, 35~44세 인구 비중, 45~54세 인구 비중을 통제하여 추정하였음. 도구변수 추정을 위해 다른 국가의 로봇 도입 대수를 이용하여 도구변수로 활용함. 표준오차는 지역노동시장권 단위에서 클러스터링 처리함. *, **, ***는 각각 10%, 5%, 1% 수준에서 통계적으로 유의함.

자료 : 지역별고용조사, 국제로봇협회, 전국사업체조사, UNComtrade 자료를 활용하여 저자 작성.

제5절 소 결

본 장에서는 기술 혁신이 인적자본에 미치는 영향을 살펴보기 위해 국제로봇협회의 자료와 전국사업체조사 자료를 활용하여 지역노동시장권별 로봇 노출도를 계산하고, 교육기본통계조사 자료와 인구동향조사 자료를 이용하여 대학 등록 및 전공선택 등에 미치는 영향과 관련된 변수들을 구한 뒤 인과적 관계를 추정하였다.

먼저, 해당 지역노동시장에 거주하는 19~60세 인구 대비 대학 재적학생 수를 종속변수로 하여 로봇 노출도의 인과적 효과를 추정한 결과, 로봇 도입은 대학 등록률을 낮추는 것으로 나타났다. 학제별로 구분하여 4년제와 2년제에 대해 각각 살펴본 결과, 2년제의 경우 부정적인 효과가 나타났으나 4년제의 경우 통계적으로 유의미한 영향이 나타나지 않았다. 또한, 설립 주체별로 나눠 국·공립대와 사립대로 구분하여 분석한 결과에서는 로봇 도입으로 인한 효과가 사립대에만 부정적인 영향을 미치는 것으로 나타났다. 마지막으로, 로봇 도입이 대학 졸업생들의 전공선택에 미치는 영향을 살펴본 결과, 로봇 노출도의 증가는 공학 계열의 졸업생 비율을 높였으나 예체능 계열의 졸업생 비율은 낮춘 것으로 나타났다. 자동화 기술 발전으로 인한 일자리 창출이 가장 높은 공학 분야의 결과는 기존의 예상과 합치한다고 볼 수 있다.

또한, 고등학교 졸업생을 대상으로 로봇 도입이 대학 입학에 미치는 영향을 분석한 결과, 로봇 도입으로 인해 고등학교 졸업생들의 대학 진학률이 감소한 것으로 나타났다. 앞선 분석이 19~60세 인구 대비 대학 등록률을 계산하여 노동시장 전체의 변화를 포함했다면, 이 분석은 고등학생의 직접적인 교육 선택에 초점을 맞춰 보다 세부적인 영향을 확인할 수 있다. 그러나 대학 입학생의 전공선택에 대한 분석에서는 통계적으로 유의미한 효과가 발견되지 않았다. 이는 대학 입학생들이 산업 및 노동수요 변화에 대한 정보를 충분히 인지하지 못했거나, 기술 변화가 입학 시 전공선택에 직접적 고려 요인으로 작용하지 않았을 가능성을 나타낸다.

마지막으로, 로봇 도입이 인적자본 축적에 미치는 잠재적인 메커니즘을 분석하기 위해 지역별고용조사 자료를 활용하여 학력 수준별 25~60세 인구의 임금 변화에 미친 영향을 살펴봤다. 분석 결과, 로봇 도입은 고졸 이하 노동자의 임금은 상승시켰으나 초대졸 이상 노동자의 임금에는 유의미한 영향을 미치지 않았으며, 이로 인해 학력 임금 프리미엄이 감소한 것으로 나타났다. 이는 로봇 도입이 저숙련 노동자의 생산성을 보완하여 대학 등록의 기회비용을 증가시키고, 그 결과 고졸 이하 노동자들의 대학 진학 유인을 감소시켰을 가능성을 시사한다. 또한, 고숙련 노동에 대한 수요가 크게 증가하지 않았을 가능성도 함께 제기된다.

이러한 분석 결과를 바탕으로 몇 가지 정책제언을 다음과 같이 제시할 수 있다. 첫째, 자동화 및 로봇 도입 등으로 변화하는 산업 구조에 대응하기 위해 교육 정책과 인적자원 개발 프로그램 간의 연계성을 확대해야 한다. 현재 존재하는 산업별 인적자원 개발 체계와 위원회들이 있지만, 지역과 산업의 특수성을 반영한 맞춤형 정책은 여전히 부족하다. 이를 해결하기 위해 현실적인 수요를 반영한 정책 설계와 기관별 협력 체계를 강화하기 위한 노력이 필요하다.

둘째, 로봇 도입으로 인해 변화하는 노동수요에 대응하기 위해 STEM(과학, 기술, 교육, 수학) 분야의 확대와 지원이 필요하다. 전통적인 대학의 교육 체계에서는 변화하는 산업환경에서 필요한 인력을 적절하게 공급하는 데 한계가 있다. 따라서 대학과 기업 간 협력을 통해 실제 많은 수요가 있는 기술 중심 학과를 개설하고 취업으로 연결될 수 있는 체계를 마련할 필요가 있다.

셋째, 대학 진학 대신 노동시장에 진입하는 청년과 기술직 종사자를 대상으로 로봇화 관련 기술 훈련과 경력개발 프로그램을 보완 및 강화할 필요가 있다. 이를 위해 맞춤형 직업훈련 과정을 개발하고, 재직자를 대상으로 온·오프라인 혼합 학습 시스템을 도입하여 교육 기회를 확대해야 한다. 이를 통해 산업 전반의 생산성을 높이고 고용 안정성을 도모할 필요가 있다.

제 5 장
표적집단심층면접

제1절 개 요

본 장에서는 앞선 장들에서 수행한 정량적 분석에 정성적 분석을 더해 기술 혁신과 노동시장 변화에 대한 깊이 있는 이해를 제공하고자 한다. 정량적 분석 결과들에 더해 실제 노동시장에서 이러한 변화의 흐름을 겪고 있는 사람들의 의견을 청취하여 현장에서는 어떤 변화가 나타나고 있고, 향후 전망은 어떻게 하고 있는지에 대해 표적집단심층면접(FGI : Focus Group Interview)을 실시하였다.

조사대상은 기술 혁신의 종류에서 가장 큰 줄기를 이루고 있는 자동화 기술 및 산업용 로봇과 AI를 현장에서 접하고 있는 두 집단으로 선정했다. 먼저, 자동화 기술 및 산업용 로봇을 주로 이용하고 있는 제조업체에 근무 중인 인사담당자를 대상으로 면담을 수행하였다. 다음으로, AI 기술 변화를 가장 가까이에서 보고 있는 IT 기업 인사담당자를 표적집단으로 설정하였다. 면담은 2024년 10월 17일과 18일 양일에 걸쳐 진행하였고, 다양한 지역의 기업체에서 근무 중인 인사담당자를 대상으로 하는 관계로 저녁 7시에서 9시 사이에 온라인 화상회의 형식으로 이루어졌다. 모든 면담은 참석대상자들의 사전 동의를 얻어 녹화를 하였으며, 녹취 자료는 조사업체의 전문 속기사가 전사하였다.

면담 대상자는 총 10명으로 제조업 근무 인사담당자가 5명, IT기업 근무 인사담당자가 5명이다. 제조업의 경우 학력수준이 다른 근로자들이 기술 혁신에 따른 영향을 차별적으로 받는지 알아보기 위해 고등학교 졸업 학력의 근로자들이 존재하는 업체들을 위주로 선정하였다. 반면, IT기업의 경우 산업의 특성상 고졸의 비율이 높지 않아 고졸 근로자의 비율이 대체적으로 낮은 업체들을 면담 대상에 포함하였다.

또한, 노동시장의 변화가 지역별로 다르게 나타날 수 있는 점을 고려해서 수도권과 비수도권 지역의 의견을 고르게 청취하기 위해 면담 대상 섭외 시 비수도권에 위치한 업체들도 섭외하려 노력하였다.36)

〈표 5-1〉 집단심층면접 조사 일정

그룹 유형	일정	참여 인원
제조업	10월 17일(월) 오후 7시	5명
IT 기업	10월 18일(화) 오후 7시	5명

자료 : 저자 작성.

〈표 5-2〉 집단심층면접 대상자 명단

이름	직급	주력분야	지역	고졸 근로자 비율
A	중간 관리자	태양광	충북	60
B	중간 관리자	자동차	광주	84
C	중간 관리자	초경합금 절삭공구	충북	46
D	중간 관리자	반도체 장비 제조	인천	78
E	중간 관리자	반도체	경기	9
F	중간 관리자	AI	서울	10
G	중간 관리자	소프트웨어 개발	부산	2
H	임원	클라우드	서울	3
I	중간 관리자	데이터분석, AI	서울	0
J	중간 관리자	클라우드	서울	1

자료 : 저자 작성.

36) 다만, IT업체의 경우 산업 전반의 인력수급 문제로 인해 대부분의 업체들이 서울, 경기남부권에 위치하고 있는 한계로 인해 비수도권 지역에 위치한 업체를 섭외하는 데 어려움이 있었다.

면담에서 질의한 주요 조사 내용은 아래 <표 5-3>에 제시되어 있다. 주로, 현재의 노동시장에 대해 기업의 인사담당자로서 느끼는 전반적인 평가, 기술 혁신과 관련하여 현재 재직 중인 회사 또는 산업 전반에 나타나는 영향, 고용의 양 및 질에 나타난 변화, 향후 기술 혁신에 대한 전망과 관련 필요 정책 등에 대해 파악하고자 하였다.

〈표 5-3〉 주요 조사내용

	내 용
기본정보	재직 회사 관련 내용, 주요 업무
노동시장 평가	- 현재 노동시장에 대한 전반적인 평가 - 구인, 구직의 어려움에 대한 평가 - 교육수준별로 차이점
기술 혁신의 영향	- 재직 중인 회사에서 기술 혁신이 어떤 방식으로 이뤄지는가 - 업무에서 기술 혁신으로 인한 자동화, AI툴의 활용의 직무 활용 정도 - 생산성에 어떤 영향이 나타났는지 - 산업전반에 어떤 효과를 미쳤는지
기술 혁신과 노동시장	- 회사의 인력 구조, 인재 채용 방식에 미친 영향 - 노동시간의 변화 - 인사업무에서 느끼는 변화 - 교육 및 훈련체계 관련 - 지역별 차이
기술 혁신과 미래	- 향후 기술 혁신이 가져올 것으로 기대하는 변화
정부 정책	- 기술 혁신 관련 필요한 지원 및 정책

자료 : 저자 작성.

제2절 주요 결과

1. 노동시장 평가

기업체 인사담당자들은 최근 노동시장에 대해 구인과 구직에서 미스매치가 심화되고 있는 점을 가장 주요 문제로 언급했다. 노동시장 미스매치의 문제는 특정 기업, 특정 산업의 문제가 아니라 전반적으로 경제 전체에서 발생하고 있으며, 이는 노동시장 이중구조 문제, 인구학적 문제, 지역적 문제가 결합된 복합적인 현상으로 판단하고 있다.

"전반적으로 다 구인이 잘 안 돼서 정년 연장까지도 논의하고 있고, 국회에서도 그런 얘기를 하고 있는 것 같거든요. 특히 저희 수도권은 그나마 괜찮은데 지방에 공장 같은 경우 정말 사람이 없어서 정년 후에도 계약직으로 재고용하는 사례도 많이 있습니다. 구인구직은 전반적으로 어렵고 … (중략) … 저희가 딱 원하는 사람을 채용하기가 더 힘들어진 것 같아요." (중간 관리자 A)

제조업 생산직의 경우 인력 부족 현상이 나타나는 곳이 증가하고 있으며, 이러한 현상은 심화될 것이라는 것이 인사담당자들의 공통된 의견이었다. 이런 현상의 주된 원인으로는 플랫폼 노동으로의 쏠림 현상을 꼽고 있으며, 해결책으로 외국인 노동자 도입 확대를 생각하는 의견도 있었다.

"반도체 생산 전반에 나타나고 있는 현상인데, 생산 현장에 인력을 구하기가 굉장히 힘들고, 구했다 해도 이탈이 굉장히 급속도로 이루어지고 있습니다. 그것이 더 가속화된 것은 플랫폼 비즈니스가 국내에 들어오면서, 떠나가고 있거든요. 반도체 인력 쪽에 채용을 담당하고 있는 분들은 3년 내로 외국인에 대한 제한을 풀지 않으면 반도체 산업이 국내에서 지속되기 어렵다고 보고 있습니다." (중간 관리자 D)

이러한 문제는 기업 규모별로 인식 및 대응에 차이가 나타났다. 대기업 인사담당자의 경우 이미 생산거점이 해외공장에 많이 이전되어 있어 국내에서 생산직을 채용하려는 계획이 크지 않고 향후 이러한 고용계획이 지속될 것으로 보고 있다. 반면, 국내에 생산기반을 둔 중소기업의 경우 아직까지는 생산직 채용 시 고졸 및 전문대 졸업자들의 부족현상을 못 느끼는 업체가 있는가 하면, 반도체 업계는 생산 현장에서 구인난이 발생하고 있으며 이러한 현상은 더욱 심화될 것이라고 전망했다. 사무직의 경우 지역적 문제가 가장 크게 대두되었는데, 대기업이라고 하더라도 비수도권 지역에 위치한 사업장에서 근무하게 되면 많은 경우에 서울 및 수도권으로 이직하려는 현상이 매우 흔한 것으로 파악되었다. 이는 대부분의 대학 졸업자들이 서울 및 수도권에 위치한 대학을 졸업하였거나 출생지 및 성장한 지역이 수도권인 경우가 많으며, 이들 대부분이 가족 및 친구 등 인간관계에서 오는 외로움 등을 이유로 수도권 회귀현상을 많이 보인다고 한다.

"확실히 지방으로 갈수록 서울권 친구들은 잘 지원을 안 하는 편인 것 같고요. 수도권 쪽에 있는 생산 거점에 더 많이 지원을 하는 경향이 있습니다. 그래서 채용을 했다고 해도 자기가 나온 대학이 수도권이거나, 아니면 자기 거주가 원래 서울 쪽이었던 친구들은 입사 이후에도 그쪽으로 가려고 하는 경향들이 있어서, 사실상 지방 쪽에서 근무하는 데 어려움을 겪고 있는 상황이고요." (중간 관리자 B)

"저희도 아직까지 채용을 하는 데는 문제가 없는데, 과거보다는 지원자 수가 굉장히 줄어든 것이 사실이고요. … (중략) … 대졸사원들 같은 경우는, 아직은 어렵지는 않은데 과거에 비해서는 굉장히 지원율이 떨어진 것이 사실이고. 아까 말씀하신 것처럼 저희도 퇴사를 하려고 하는 부분이 많이 있는데, 그 부분은 자기가 살던 지역, 서울 지역으로 가려고 하는 경향이 조금씩 나타나는 거 같더라고요." (중간 관리자 C)

한편, IT 업계의 경우 인사담당자들은 대체로 노동 공급과 수요는 모두 충분히 많은 것으로 판단하고 있으나, 노동시장의 미스매치가 상당히 높은 수준이라 원하는 인재를 채용하지 못하고 있다는 의견을 냈다. 채용을 원하는 직무에 맞는 지원자를 찾기 어려우며, 이에 따라 경력직 채용에 대한 선호가 있으나 많은 경우 경력직들은 연봉 등 근무조건이 크게 차이 나지 않으면 스타트업이나 중견 규모의 기업으로는 잘 이직하지 않기 때문에 이러한 어려움은 지속되고 있다고 밝혔다. 또한, 대기업 선호 현상이 강력해서 스타트업이나 중견 규모의 기업에서 몇 년 정도 경력을 쌓아 대기업으로 이직하는 현상이 매우 잦으며, 인사담당자들은 대부분의 청년들이 스타트업 및 중견기업들을 대기업을 가기 위한 발판 정도로 생각하는 경향이 있다고 했다.

"아무래도 시장에 인력은 굉장히 많은 것 같은데, 저희한테 적합한 인력을 찾기가 굉장히 어려워서 구인 구직에 미스매칭이 많은 상황이라고 느껴지고 있고요. 기술이 굉장히 많이 변화하다 보니까 많은 지원자들이 자기가 원하는 쪽으로 계속 지원을 하고, 뽑는 부서 입장에서는 직무의 적합도가 떨어지는 분들도 꽤 많이 지원하는 패턴을 많이 보이고 있습니다." (중간 관리자 J)

"저희는 신입사원을 많이 채용하고 있습니다. 채용해서 열심히 키우면, 이분들이 어느 정도 실력이 되면 큰 회사로 떠나가요. 다 큰 회사를 선호하지 중소기업을 처음부터 선호하지 않더라고요. 직원들을 우리가 키웠을 때 더 좋은 회사로 이직하지 않도록 오래될수록 교육 기회나 돈도 더 많이 주고 하려고 노력하고 있는데 저희 예산 부분에서 한계가 있다 보니까 아쉬운 부분이 있습니다." (임원 H)

인터뷰를 진행하면서 한 가지 인상적인 점을 발견했다. IT 인사담당자들의 경우 현재의 실업급여 시스템으로 인한 무분별한 지원서를 처리하는 것에 대한 문제를 제기하였다.

"지원서에 자기소개 항목이나 이런 것이 하나도 없고 한두 줄 정도의 정보만 적혀서 들어오는 경우도 많고, 말도 안 되는 이력서들이 많이 들어오는 편이에요. 그런 것을 보면서 아무래도 실업급여 수급하는 인원들이 채용 활동하는 것을 증빙하기 위해서 무작정 지원하는 케이스가 많구나 해서 그런 이력서를 열어볼 때 들어가는 시간이 많다는 생각이 들기도 해요." (중간 관리자 F)

"실업급여 노리시고 지원하시는 분들이 되게 많은 것 같아요. 채용공고에 JD(Job Description)가 나갈 때 경력 최소 연한, 최대 연한을 써놓거든요. 어떤 특정 학원 같은 데에서 포지션이 나오면 '경험상 넣어봐라. 어차피 면접 한 번 보면 땡큐지 않냐'라는 식으로 이력서 폭탄이 들어올 때가 가끔 있고요. 요건에 해당하지 않는 분들이 실업급여 수급을 위해서 많이 지원을 하시고요. 그렇게 허수들이 어떻게 보면 검토 시간에서 많이 잡아먹게 되는 것 같아요." (중간 관리자 I)

2. 기술 혁신의 영향

가. 기술 혁신의 활용 및 직무에 미치는 영향

다음으로, 기술 혁신을 크게 두 가지로 구분하여 자동화 기술과 로봇, AI 기술이 현재 재직 중인 기업체에서 어떻게 활용되고 있으며, 직무에 미치는 영향이 어떠한지에 대해 질문하였다. 먼저, 제조업 기업 인사담당자들의 경우 공통적으로 생산제품의 개량, 생산단가를 낮추기 위한 방향, 수율을 올리는 방향 등을 언급했다. 제품을 생산하는 산업의 특성상 기술 혁신이 재직 중인 기업에 미치는 영향은 현재 사람이 직접 노동을 통해 하는 작업들이 자동화 및 로봇 도입을 통해 대체되었을 때, 비용이 줄어드는지에 대한 관심이 우선되었다. 저부가가치의 단순 반복 작업이 필요한 공정에서는 비용을 최소화하기 위해 자동화를 하는 부분이 있을 수 있으나, 신제품을 개발하는 분야의 경우 기술 발전의 속도에 맞춰 제품을 생산하면서 이를 자동화하는 작업은 많은 어려움이 존재한다고 언급했다. 따라서 반도체와 같은 첨단산업은 자동화가 어려울 것이라는 점이 산업 전반의 컨센서스라고 밝혔다. 또한, 일정 규모 이상의 기업들은 사무직 및 연구개발직에서 AI 툴을 이용하고 있으나 생산업무와 통틀어 봤을 때 기술 혁신으로 인한 자동화, 로봇 도입 및 AI 툴의 이용은 기업체 전체 업무의 20~30% 수준에 그치고 있다는 의견이 존재하였다.

> "현장 같은 경우에 산업로봇이 도입되면서 개인이 볼 수 있는 장비 수가 많이 늘어난 것은 사실인 것 같아요. 제가 알기로 10여 년 전에는 개인이 3대 정도 보기 힘들다는 얘기를 했었는데, 최근에는 7~8대까지 보는 걸로 알고 있거든요. … (중략) … 새로 입사하는 인원들이 오히려 기존에 20~30년 근무하신 분들보다 장비를 잘 운영하기 때문에, 오히려 제품의 품질이 올라가는 현상이 나타나기도 합니다." (중간 관리자 C)

> "사실상 어느 산업이나 다 그렇듯 100% 자동화를 꿈꾸지만 그것이 쉽지는 않을 수밖에 없는 것이, 어느 복잡한 공정이 하나 들어오게 되면 그것을 따라가는 데 있어서 불량률이 나오게 되고, 그러면 고객으로부터 바로 컴플레인이

들어오고, 그것을 바로잡아야 되는 상황이 생기기 때문에, 아무래도 100% 자동화가 반도체 산업에서 이루어지기는 쉽지 않지 않을까 이런 생각이 듭니다." (중간 관리자 D)

한편, IT 업계의 경우 다양한 분야에서 AI 툴을 사용하고 있으나 기업의 주요 업무를 대체하지는 않고 있는 것으로 나타났다. 많은 경우 개발자 및 일반 사무직 직원들도 챗GPT를 비롯한 AI 툴을 개인 업무에 이용하고 있으나, 데이터 분석 및 클라우드 서비스 등 기업의 핵심업무에 이용되는 비중은 아직 낮은 수준인 것으로 언급했다.

"저희는 기술혁신 부분이 AI기술이라고 생각이 들고요. … (중략) … 실제 저도 처음에 도구를 사용할 때는 얼마만큼 도움이 될까라는 생각을 했었는데 한 달 정도 지나고 나니까 지금은 저 스스로는 거의 매일 쓰고 있고요. … (중략) … 개인적으로 직무의 최소 10% 이상을 쓰고 있고 저희 회사 전반적으로는 아마 각자들 많이 쓰고 계실 것 같아요." (중간 관리자 J)

"데이터 분석 쪽을 기준으로 말씀드리면 10%에서 20% 정도까지는 활용을 하고 있는 것 같아요. 대부분 자동화 툴 같은 경우는 고객 관련 업무 보시는 분들이 쓰고 계시고. 데이터 분석 쪽은 다 LLM(large language model) 위주로 사용을 하고 계시고요. … (중략) … 데이터 분석 쪽이랑 개발 파트 쪽도 10%에서 20% 정도는 거의 활용을 하고 있고요. 특이한 점들은 시니어분들이 더 활용을 잘 하시는 편이세요. 시니어분들은 30%에서 그 이상까지도 쓰시는 분들이 있고요." (중간 관리자 I)

나. 산업 전반에 미친 영향

기술 혁신이 현재 재직 중인 기업 또는 산업 전반의 생산성에 어떤 식으로 영향을 미쳤는지에 대해 질문했다. 제조업의 경우 기본적으로 생산 현장에서 사람이 하던 단순 반복 작업을 대체하는 로봇 또는 조작이 필요한 기계장치 등의 도입으로 생산성의 향상을 체감하고 있었다. 특히, 한 기업체의 경우 기존의 장비 체계하에서 오랜 시간 동안 근무하며 일한 고숙련 노동자들이 새로운 장비 체계에 적응하지 못하고 예전 방식에 머무르다가, 새로

입사한 젊은 직원들이 새로운 장비를 활용하여 생산하는 속도에 미치지 못한다는 사례를 언급했다. 이는 시대의 변화에 따라 고숙련 노동자가 한순간에 낮은 생산성을 내는 노동자로 바뀔 수 있다는 사실을 명확하게 나타내는 사례라고 할 수 있다.

"과거에는 다 고숙련자들이 근무를 하셨어요. 그런데 자동화가 되면서 컴퓨터 활용을 얼마나 잘할 수 있느냐, 그것이 점점 새로운 기술 트렌드로 변경이 됐거든요. 그러다 보니까 기존의 기술이 있고 숙련이 되셨던 분들은 컴퓨터하고는 친숙하지 않다 보니까 완전히 도태되는 현상이 나타났죠. 결과적으로 예전에는 숙련공들이 대우를 많이 받았다가 지금은 오히려 오래 계신 분들이 생산성 저하에 대해서 젊은 층한테 소외가 되는 현상이 나타나더라고요." (중간 관리자 C)

이와 비슷한 의견으로, 로봇 및 자동화 등의 기술 혁신은 결국 저부가가치를 생산하는 생산성이 낮은 사람들을 대체할 것이라는 의견도 존재했다. 아직까지는 사람의 노동력을 사용하는 인건비가 로봇 및 기계장치를 도입하고 유지 · 보수하는 비용보다 많은 영역에서 저렴하게 느껴진다는 의견에 모두 동의했으며, 이러한 점이 향후 자동화 및 로봇 도입에 대한 장벽으로 계속 작용할 것으로 전망했다.

"아직까지는 인건비가 더 싼 것 같아요. 사람을 저희가 쉽게 해고하거나 할 수도 없잖아요. 결국 남은 자원을 활용해야 하는 것도 인력 운영 가운데 하나의 업무인데, 인건비가 이런 시스템을 만들고 유지 보수하는 비용보다 아직까지는 적게 드는 것 같아요. … (중략) … 자동화의 맹점 중의 하나가 한번 해놓으면 계속 그것을 유지 보수해야 된다는 것인데 그게 잘 안 되는 것 같아요. 새롭게 버전이나 OS가 바뀌거나 사람이 바뀌면 제로 베이스에서 시작하고. 현재는 인건비가 유지보수 비용이나 개발 비용이랑 거의 비슷해요." (중간 관리자 E)

IT 업계 인사담당자들의 경우 현재 널리 사용되고 있는 AI 툴을 이용하는 모습에서 이미 생산성의 차이를 체감할 수 있다는 의견이 나왔다. AI 툴의 사용 여부와 상관없이 기존에 생산성이 높은 직원과 낮은 직원들이 있다고 가정할 때, AI 툴의 도입으로 인해 이들의 생산성 격차는 더 크게 벌어질 것으로 느껴진다는 의견들이 존재했다. 초급 수준의 개발자 혹은 사무직 노동자들에 비해 어느 정도 경력이 된 개발자 혹은 사무직들이 AI 툴 도입 이후 더 높은 생산성 향상을 보였으며, 기술 혁신으로 인한 이러한 양극화는 더 심해질 것으로 전망했다. 또한, 이러한 생산성 차이는 곧 임금의 양극화를 더욱 부추길 것으로 예상했다. 따라서 현재의 채용 방식에서도 소프트웨어 솔루션이나 AI 프로그램으로 대체할 수 없는 영역의 필수적인 직무에는 고경력 채용을 할 수밖에 없고, 단순 업무를 담당할 인력을 줄이는 방향으로 인사업무를 진행하다 보니 기업체의 평균 인건비가 올라가는 현상도 발생한다고 하였다.

> "아까 일을 잘하는 사람이 AI 도구를 이용해서 더 잘한다고 말씀하셨는데 되게 많이 공감하거든요. 잘하는 사람이 AI 도구를 이용해서 더 숙련도가 높아지다 보니까 초급자들은 AI가 준 데이터 자체를 해석하거나 활용할 수 있는 능력이 떨어질 수밖에 없고, 숙련자들이 그것을 활용해서 더 좋은 결과물을 내기 때문에, 오히려 편차가 점점 더 커지는 그런 결과를 낳을 것 같다는 생각이 듭니다." (중간 관리자 J)

> "저희 같은 경우에는 솔루션이나 AI 기술 같은 것으로 대체할 수 없는 고경력 인원을 채용하는 비중이 높아지고, 단순 업무를 수행하는 사람들의 자리가 좁아지다 보니까, 어떻게 보면 전체적으로 임금 수준이 올라가는 현상으로 볼 수 있지 않을까 그런 생각도 들기는 하네요." (중간 관리자 F)

3. 기술 혁신과 노동시장

가. 인력구조 및 채용방식

다음으로, 기술 혁신이 현재 재직 중인 기업체의 인력구조 및 채용 방식, 그리고 직무변화 등에 어떤 영향을 미쳤는지에 대해 물었다. 제조업의 경우 생산직과 사무직 간에 차이가 존재했으며, 주로 큰 영향을 받는 쪽은 생산직이라고 언급했다. 몇몇 기업의 경우 생산공정의 자동화로 인해 생산직 직원을 채용하는 규모가 축소되었으며, 자동화로 대체 가능한 업무를 발굴하기 위해 담당 팀에서 여러 업무 효율화를 진행하고 있다고 언급했다.

> "생산직군의 경우는 자동화 설비가 계속 도입되면서 기존에 단순 조립이라든지 검사하는 인원들은 조금씩 줄어들고 있고, 자동화 설비를 관리해야 될 인원이 늘어나고 있습니다." (중간 관리자 B)

> "생산이 자동화되면서 생산직을 뽑는 숫자가 줄어든 것 같긴 해요, 결국. 얘기하시는 고졸이나 전문대졸 생산직을 채용하는 빈도, 횟수가 줄어든 것 같아요. 이것은 생산 물량하고도 연관이 있지만, 확실히 손이 덜 가게 할 수 있는 부분을 DT 팀에서 사람 손이 덜 가게 하려고 만들고 있거든요." (중간 관리자 A)

생산직의 업무 자체를 자동화하면서 줄어드는 일자리가 존재하며 이에 따라 인력 부서 배치를 별도로 진행한다고 밝힌 곳도 있다. 대기업의 경우 해외에도 생산 거점들이 존재하고 있기 때문에, 인건비가 자동화 기계 장비의 유지보수비보다 적은 경우 자동화를 도입하려는 시도 자체가 없는 것으로 전했다. 한편, 생산현장에서 자동화로 인해 관리하는 장비 수가 증가하며 나타나는 문제점도 존재했다. 자동화 자체가 대량생산에는 유리하지만, 다품종 소량생산을 하는 경우 재차 인력을 재투입해야 하는 현상이 존재한다고 밝혔다. 특히 최근 소비시장의 트렌드가 다품종 소량생산을 선호하는 것을 고려하면 이러한 현상이 지속될 것으로 보고 인력감축을 쉽사리 하기 어려운 고충도 토로하였다.

> "저희도 자동화되면서 인원이 줄었다기보다는 더 뽑아야 되는데 안 뽑는 쪽으로 많이 가는 것 같고요. 문제는 자동화를 함에 있어서 대량 생산할 때는 굉장히 유리한 부분인데 소량 생산으로 자꾸 수주가 들어오면 다시 인력을 재투입해야 하는 현상들이 많이 발생이 되더라고요. 저희는 인원을 더 줄여야 되는데, 제품이 자꾸 소량으로만 주문이 들어오는 현상이 늘어나다 보니까 인원들을 줄일 수가 없는 현상도 나타나기도 하더라고요." (중간 관리자 C)

한편, 제조업 사무직의 경우 기술 혁신으로 인한 영향은 아직 미미한 것으로 알려졌다. 다만, 기술 혁신을 하기 위한 준비 과정으로 생산원가를 낮추기 위한 TF 팀을 만드는 등 전환 배치를 하려 하고 있고 인력구조에 변화가 존재하는 경우도 있었다.

> "저희 회사에서는 DT 팀을 하나 만들었거든요, 전환 배치 같은 개념이죠. DT 팀 만들면서 IT 인원 뽑았어요. 기술 혁신의 결과라기보다는 기술 혁신을 하기 위해서 내부적으로 준비를 하고 먼저 도입하는 것이죠. 어디서 생산원가를 공정을 줄일 수 있을지, 아니면 어떤 부분에서 자동화를 만들 수 있을지. 그런 점에서 인력구조가 변했다고 볼 수 있고, 이것은 결과라기보다는 그쪽으로 가기 위한 과정이라고 보시면 될 것 같고요." (중간 관리자 A)

IT 업계의 경우 아직은 조직구조나 채용 방식 등에 있어 큰 변화는 없는 것으로 나타났다. 다만, 장기적으로는 고용에 부정적인 영향이 있을 것으로 전망하는 의견들이 다수 존재했다. 기존에 다른 부서와의 협업이 필요했던 업무를 AI 툴의 활용으로 자체적으로 해결하는 등 조직 간의 업무 분담 또는 협업이 기존과 많이 달라지면서 향후 인력구조에 대한 변화를 예상하기도 했다. 특히, 많은 경우 현재 재직 중인 직원들의 생산성이 증가하면서 신입 직원 또는 초급 인력들의 설 자리가 줄어들지 않을까 하는 우려도 내비쳤다.

> "저희도 당장 조직 구조가 바뀔 정도로 진행하고 있진 않고요. 대신에 장기적으로는 고용의 역효과가 될 수밖에 없다고 생각을 하고 있어요. 당장 AI에 대한 신뢰도나 활용하는 역량 자체가 너무 다르기 때문에 사실상 이것을 기준으로 현재 내부적으로 삼거나 인력을 조정하거나 그런 기준으로는 전혀 보지 않고 있고요. 단지 기존에 있었던 일들에 대해서 더 효율성을 높여가는 과정에 있다고 보면 될 것 같습니다." (중간 관리자 I)

한편, 한 업체의 경우에는 데이터 관련 업무를 주로 하는 부서의 업무가 AI 툴의 도입 등으로 감소하면서 조직개편이 많이 일어나고 있다고 밝혔다. 기업의 평균 인건비를 높게 만드는 고연봉자를 감원하려 한다고 언급하기도 했다.

> "저희는 데이터 사업본부의 업무가 줄어들다 보니까 조직개편이 자주 일어나는 편이고요. 데이터 업무를 담당해 주시는 국내 인원이 많이 필요 없어지면서. 저희가 해외 법인도 따로 운영을 하고 있는데, 해외 법인으로 발령이

많이 나고 있는 상황입니다. 사실상 권고사직 수준이라고 생각하고 있어요." (중간 관리자 F)

나. 고용의 질

다음으로, 기술 혁신이 고용의 질에 미친 영향에 대해 질문했다. 특히, 기술 혁신으로 인해 노동시간에 변화가 있었는지 또는 비정규직에 대한 수요가 증가하였는지 등에 대해 알아보았다. 먼저, 제조업 인사담당자들은 대체로 노동시간에 큰 영향이 없다고 밝혔다. 생산직의 경우 로봇이 사람이 하는 노동을 대체함으로 인해 실제 노동하는 시간은 감소했을 수 있으나, 총 노동시간 자체는 비슷하고 다만 편리하게 일을 하는 효과가 존재한다고 언급했다. 사무직의 경우에도 소프트웨어 솔루션의 도입으로 기존의 단순 반복 작업을 보다 편하게 적은 시간을 투입하여 할 수 있게 되었으나, 부가적인 업무가 추가되어 총 노동시간은 비슷한 것 같다고 밝혔다. 한편, 기술 혁신보다는 주 52시간 제도의 도입이 강력한 노동시간 감소 효과를 보였다고 언급했다.

"대졸 사무직 같은 경우에 RPA를 도입하면서 제가 일일이 하나하나 데이터를 받아서 작업해야 했던 것들을 RPA가 대체해 줬기 때문에 그 정도만큼의 시간은 줄어든 게 사실이지만, 부가적인 업무가 더 추가로 부여됨으로써 총 노동시간이라든지 이런 것들은 크게 차이는 없었습니다. 여담이지만 그보다는 주 52시간이 도입되면서 근무시간이 줄어든 것이 훨씬 크고요. 기술 혁신보다는 제도 때문에 변경된 것이 훨씬 더 크다고 생각합니다." (중간 관리자 B)

"사무에 있어서는 당연히 여러 가지 효율적인 부분을 저희가 참고로 활용할 수 있기는 한데, 말씀하신 대로 이것이 줄어들면 이 외에 추가적인 업무가 늘어나다 보니까 개인의 업무가 줄었다기보다는 새로운 업무를 더 많이 하게 된다는 느낌이 많이 있고요." (중간 관리자 C)

IT 업계 인사담당자들은 노동시간이 감소했다는 의견이 주를 이루었다.

과거에는 사람이 의견을 내고 취합하는 과정이 필요했던 작업들의 경우, 최근에는 AI 프로그램을 이용하여 아이디어를 구하고 공유하며 빠른 의사결정과 진행을 하게 되어 노동시간 자체가 줄어들었다는 의견이 존재했다.

"개인적으로 노동시간은 많이 줄어든 것 같아요. 저는 기획 업무들이 되게 많은데 기획서 작업하거나 아이디어가 필요한 업무를 할 때 예전에는 다 같이 모여 고민도 하고 그랬는데, 지금은 제미나이에 물어서 결과물 주고받으면서 만들면 굉장히 금방 만들어지거든요. 생각보다 그런 노동시간도 많이 줄어든다는 생각이 들어요." (중간 관리자 J)

한편, 개인의 노동시간은 줄어들었으나 회사의 전반적인 총 노동시간 자체는 줄어들지 않았다는 의견도 존재했다.

"개인의 노동시간은 확실히 많이 줄어들었고요. 회사 전반적으로 봤을 때 줄어든 건 아닌 것 같아요. 유연근무제가 계속 있었고 이런 환경 내에서 기술 혁신이 갑자기 들어온 케이스여서, 어떻게 보면 개개인들은 모두가 느끼고 있죠. 내가 AI를 쓰는 만큼 노동시간이 줄어들었는데 그 외에 다른 것을 먼저 찾아서 하시는 분들은 아주 극소수이고요. 개인마다 너무나 다른 차이가 있다보니까 모두가 약간 붕 뜬 상태로 개인의 시간을 즐길 수 있는 여유가 있는 것 같아요." (중간 관리자 I)

또한, 이러한 AI 프로그램의 이용이 업무, 직무별로 차이를 보이면서 잉여인력에 대한 우려로 인해 정규직 채용을 줄이고 비정규직 채용을 선호하는 현상이 나타난다는 의견도 나왔다.

"저는 기술 혁신이 이루어지면서 업무처리 시간이 줄어들고 좋아졌다고 생각했는데, 부서마다 다르게 적용되는 부분이 있는 거 같아요. 데이터사업본부 같은 경우에는 업무 시간이 많이 줄어들어서 이전에는 정규직 채용을 자주 했었는데, 업무가 언제 어떻게 줄어들면서 잉여 인력이 남을지 모르는 상황이라서 현재는 비정규직 채용을 선호하는 면이 많아졌다고 생각합니다." (중간 관리자 F)

다. 교육훈련

기술 혁신에 따른 변화에 적응하기 위한 교육 및 훈련 프로그램이 존재하는지, 어떻게 운영되는지에 대해 질문했다. 한 기업은 새로운 장비의 도입에 따른 교육의 필요성을 체감하고는 있으나 기존 직원들이 거부하는 현상에 대해 우려를 표했으며, 다른 기업의 경우 기존의 생산직군에 종사하는 직원들이 교육을 통해 새로운 직무로 넘어가는 경우는 적고 신규 직원을 채용하는 방향으로 이뤄지고 있다고 했다.

> "저희도 교육을 많이 지원하려고는 하는데, 문제는 직원들이 새로운 것을 받아들이면서 공부하려고 하는 의지나 태도는 많이 부족하거든요. 현재 하는 일 자체도 많다고 생각하는데, 새로운 것을 배워서 새로운 일을 해야 한다는 거부감이 워낙 많고요." (중간 관리자 C)

> "생산직분들이 교육을 통해서 다른 직군으로 넘어갈 수 있느냐 하면 그렇지는 않습니다. 차라리 학습, 교육된 인원을 새로 뽑거든요. 기존의 생산직이 교육받아서 자동화 설비를 관리하는 인원으로 넘어가는 일들은 저희 업체에서는 거의 없는 일이라고 볼 수가 있고요." (중간 관리자 B)

제조업 사무직의 경우에는 기업 자체적인 교육 프로그램들을 활발하게 운영하는 곳도 존재했으나, 새로운 직무에 대한 인원은 경력직이나 신규 직원을 채용하는 경우가 더 많다고 밝히기도 했다.

> "회사에서는 AI 세션, 이런 것을 많이 하고 있어요. 저희 건물에 있는 여러 회사들, 계열사 여러 개 있는데 구분 없이 신청 다 받고 계속 세션 진행하고 있거든요. 이것은 신규 입사자에 대한 교육이라기보다는 기존에 있는 인력들에 대한 재교육이라고 보는 것이 맞을 것 같아요. 그쪽 방향으로 많이 하고 있습니다." (중간 관리자 A)

> "사무직 같은 경우에는 사내 교육 프로그램들이 잘 돼 있는 편이고요. 본인이 필요한 교육이 있으면 사외 교육이라도 일정 한도 내에서 업무 연관성 있으면 다 인정을 해주기는 하는데, 현실적으로 보면 그런 새로운 직무에 사내 직원을 교육해서 보낸다기보다는 경력직이라든지 신규 인원 채용을 통해서 대

체하는 경우들이 더 많은 것 같습니다." (중간 관리자 B)

IT 업계의 경우 모두 일선에서 다양한 소프트웨어를 활용하고 있기에 별도의 직무 교육 및 훈련은 많지 않다고 했다. 업계의 특성상 한 장소에 모여서 하는 집체식 교육보다는 필요에 따른 온라인 교육을 지원하는 방식을 채택하는 곳들이 존재했다. 기업의 규모에 따른 차이에 대해서도 많이 언급을 했는데, 중소기업의 경우 교육에 대한 생각은 있어도 현업에서 직원이 교육 때문에 빠지면 손실이 매우 크게 체감되기 때문에 교육에 대한 지원이 제한적인 것으로 나타났다. 또한, 지역에 위치한 업체의 경우에는 많은 경우 교육 프로그램들이 서울에서 진행되는 것에 대해 참여가 어려움을 밝히기도 했다.

"저희는 스타트업이다 보니까 사실상 중견기업 이상의 직군에서의 직무 교육이나 이런 부분들이 존재하지 않는다고 보시면 될 것 같아요. 대부분 인프런이나 유데미 이런 인터넷 강의 사이트에서 본인들이 희망하는 강의를 지원해 드리고 있어요." (중간 관리자 I)

"중소기업에서는 직원들한테 교육을 많이 지원해 주고 싶지만, 한계가 그 사람이 빠지면 업무가 안 되는 업무들이 많아요. … (중략) … 중소기업을 위한 그런 교육 시스템을 지원한다면 온라인 교육, 지역별 교육, 중소기업 인원들이 야간에 갈 수 있는 교육이라든가 그런 것을 만들면 중소기업들의 경쟁력을 높이는 데 도움이 될 것 같아요." (임원 H)

"정리하자면 중소기업은 비용, 시간, 두 가지가 제일 교육하는 데 힘듭니다. 비용이 많이 들고, 시간적으로도 당장 중소기업들은 업무에 치이는데 교육을 보내는 것이 힘들고요. 지방이다 보니까 저희는 서울에서 오전에 교육이 있다고 하면 새벽에 출발해야 하거든요. 이런 것들이 교육 요건에도 많은 제약을 줍니다." (중간 관리자 G)

한편, 기업 혹은 정부 차원의 교육훈련 프로그램에 대한 필요성에는 공감하는 의견들이 존재했으나, 시간과 방식에 대한 개선을 원하는 목소리도 존재했다.

"재교육은 반드시 필요하다고 생각합니다. 제가 생각했을 때는 아예 재교육하고 대신 일정 수준에 도달했을 때 이직하지 않는다는 어떤 조건을 걸어주거나 하면서 마음을 굳게 먹고 투자를 해야 하지 않을까 싶습니다." (중간 관리자 A)

"대학 교육을 벗어난 성인교육을 할 수 있는 어떤 특정한 기관이 있으면 좋겠다는 생각을 항상 해 왔습니다. 왜냐하면 실용 학문에 더 가까운데, 이것을 기관이라는 곳을 벗어난 곳에서 사회의 흐름이라든지 이런 것들을 잘 읽어서 연구해서 제공할 수 있는 기관이 있었으면 좋겠다는 생각이 듭니다." (중간 관리자 D)

"현장에서 듣는 것이 아니고 인터넷 강의로 대체해서 들을 수 있는 그런 교육 제도들도 많았으면 좋겠다라는 생각이 들고. 기술 혁신으로 실업하는 인원들이 많아질수록 교육 제도들이 잘 갖춰져야 되는데, 중소기업에 다니는 분들이 교육을 접할 수 있는 기회나 이런 비용적인 부담 부분이 큰 것 같아서 그런 허들이 낮아졌으면 좋겠다는 말씀을 드리고 싶네요." (중간 관리자 F)

다른 의견으로는 청년층 대상 기업체 교육 프로그램의 효율성을 높이고, 학계가 산업계의 수요에 기민하게 대응하지 못하는 문제 해결을 위해 기업과 정부가 공동으로 맞춤형 프로그램을 운영하는 방안을 제시하기도 했다.

"학계의 변화가 어렵다면, 기업에서 잘하는 것들을 개발하고 콘텐츠나 그런 자원들을 더 많은 사람에게 확장해 주면 좋을 것 같습니다. 단순히 돈을 주고 직업학교 만드는 것은 매칭하기가 쉽지는 않은 것 같으니, 이런 기업의 콘텐츠를 정부와 학교가 연계해서 비전공자들도 빠르게 소프트웨어나 AI를 배울 수 있도록 하는 것이 도움이 되지 않을까 싶습니다." (중간 관리자 E)

라. 지역요인

다음으로, 기술 혁신이 노동시장에 미치는 영향 가운데 지역적 요인이 어떻게 반영되는지 살펴보았다. 제조업의 한 인사담당자는 기술 혁신의 종류 가운데 제품의 혁신을 언급하며 기술 혁신이 만들어낸 산업의 변화가 노동시장에 미친 영향에 대해 포괄적인 의견을 제시하였다. 노동집약적 산업이 많은 부분 자동화로 대체되면서 지역의 특성화고 학생들의 진로 불안정성에 대한 우려를 제시하였다.

"저는 제품의 혁신도 기술 혁신에 포함이 된다고 생각합니다. 대구, 구미에 있었던 LG나 삼성에서 LCD와 휴대폰 생산을 위해 많은 인력을 필요로 했고, 대구와 경북 지역에서 채용을 했거든요. 그런데 현재는 그 지역에 특성화고 학생들이 갈 곳이 없어서 헤매고 있는 상황이에요. … (중략) … 기술 혁신이 만든 어떤 산업의 변화가 노동 현장에 미친 영향이 크지 않을까 싶고." (중간 관리자 D)

수도권으로의 집중 현상이 심한 IT 업계에서는 지역적 차이에 대한 의견을 다수 제시하였다. 초중고 시기를 대부분 지방에서 보내더라도 대학은 수도권으로 진학하는 경우가 많고, 이러한 점이 채용과도 연계가 되어 지방에서의 인력수급이 어렵다는 의견이 존재하였다. 또한, 수도권과 지방 기업들 간의 초임 수준 차이 등으로 인한 수도권 쏠림 현상에 대한 지적도 있었다.

"지방 출신들은 대학교 진학할 때부터 수도권하고 인서울로 올라가기 때문에 거기서부터 차이가 많이 나기 시작합니다. 그 점이 채용하고도 연계가 되어서 저희들도 아무래도 지방에 있다 보니까 그런 인력수급이 수도권보다 많이 힘든 상태고요. 재직자들 중에서만 해도 젊은 친구들은 수도권으로 올라가기 때문에 더 인력적으로 수급난이 심화되고 있는 것 같고, 앞으로도 더 심화될 것 같습니다." (중간 관리자 G)

"저희 회사는 지방 출신의 학생들, 신입사원들 경력 지원들이 많이 있습니다. 그들의 얘기를 들어보면 … (중략) … 모든 기업들이 다 서울 쪽에 다 몰려있다 보니까 지방에서 직장생활을 시작하면 더 이상 자기는 결혼도 못 하고 소외되는 그런 느낌을 많이 받는다고 합니다." (임원 H)

4. 기술 혁신과 미래

기술 혁신의 속도가 빨라짐에 따라 노동시장에 더욱 큰 변화들이 짧은 주기로 나타날 것으로 예상되는 가운데, 인사담당자들은 기술 혁신이 가져올 변화에 대해 불확실성을 우려하는 공통된 목소리를 냈다. 현재 제조업에서 이용되는 기술들이 변화함에 따라 산업 자체가 변화할 것으로 예상되며 그에 따라 노동시장 환경도 크게 바뀔 것으로 예상했다.

"테슬라도 그렇고 여러 가지 로봇들을 개발한 회사들이 있는데 아직까지는 기술력이 미비하지만, 그 기술이 더 고도화돼서 단순 반복할 수 있는 조립 작업들을 대체하는 날이 온다고 하면, 생산직분들의 일자리에 엄청나게 위협이 될 수 있다고 생각하거든요. 노동 환경 시장이 정말 많이 달라질 것이라는 생각을 갖고 있습니다." (중간 관리자 B)

이러한 현상으로 인해 향후 교육 수준별 일자리 양극화가 심화될 것으로 전망했으며, 인사 업무 측면에서는 기술 혁신이 사람들 사이의 거리를 증가시켜 향후 기업의 조직문화를 어떻게 유지할 것인지에 대한 우려도 제기되었다.

> "결국 기술이 고도화되고 더 자동화되고, 이것은 확정적 미래인 것 같고요. 그러면 고졸과 대졸 초년 차들이 갈 곳이 점점 줄어드는 것 같아요. 가장 리스키한 직급들인 것 같아요. 대졸 초임, 고졸, 초대졸 저년 차들, 경험이 없는 이런 분들이 갈 곳이 많이 없어지지 않을까 점점 더." (중간 관리자 E)

> "앞으로는 기술을 활용할 줄 아는 사람과 활용하지 못하는 사람 간의 양극화가 더 심해질 것 같습니다. 고졸이나 초대졸분들은 더 일자리가 없어질 것이고 AI나 고도화된 로봇 기술 활용할 줄 아는 고급 인력들은 더 몸값이 높아질 것이고, 양극화가 예상이 됩니다." (중간 관리자 A)

또한, 향후 노동시장 전망에 대해서는 미스매치, 양극화, 외국인 노동자의 유입 등에 대한 다양한 의견들을 제시하였다. 현재의 대학 교육 체계가 전통적인 시스템을 유지해 오는 가운데 기업에서 요구하는 인재의 역량과는 차이가 존재하는 부분이 미스매치를 심화할 것으로 전망하기도 했다.

"저는 앞으로 공채는 줄지 않을까 이런 생각을 하거든요. 왜냐하면 채용을 할 때 채용하는 부분에 적합한 인재라고 생각되지 않는 많은 사람들이 지원을 하다 보니까 그것을 골라내는 것 자체도 쉽지가 않더라고요." (중간 관리자 C)

"결국에는 외국인이 물밀듯이 들어올 것이고 외국인 채용과 관련된 부분이 굉장히 중요해질 것으로 보입니다. 해외 인력들과 함께 국내 인력들을 어떻게 줄을 세울 것인가. 이것이 굉장히 중요한 과제가 될 것으로 예상됩니다." (중간 관리자 D)

"대학교나 고등학교나 그런 전공의 비중은 여전히 고전적이잖아요. 숫자가 많이 변하지 않잖아요. 10년 후에는 그런 것들이 문제가 되는 시대가 오지 않을까 싶어요. 지금도 미스매칭이 굉장히 심한데 앞으로 더 심해지지 않을까 싶고, 산업계에서 요구하는 스펙을 가진 사람들이 많이 양성될 수 있게 학계도 바뀌어야 되지 않을까 이런 생각을 해봅니다." (중간 관리자 E)

IT 기업 인사담당자들은 제조업 인사담당자들보다 기술 혁신의 여파를 더욱 크게 인식하고 있는 것으로 보였다. 이들은 AI 기술 발전 등 기술 혁신의 속도와 방향을 쉽게 예단하기 어려우며 점점 더 기술 발전 속도가 빨라지면서 현재의 예측이 무의미할 수 있다는 의견도 제시했다.

"저는 사실 어디까지 갈지 예상이 잘 안 돼요. … (중략) … 어디까지 AI가 우리의 삶을 바꿀까에 대한 예측이나 예상을 저는 감히 잘 못 하겠더라고요. AI 기술이 제 일상도 많이 바꿨기 때문에 단연코 큰 변화를 해오고 있다는 것에 대해서는 반박할 수 없고. 근데 어디까지 갈 수 있을까에 대해서 정말 무섭기도 하고 예측하기가 어려운 것 같습니다." (중간 관리자 J)

한편, 기술 혁신과 관련하여 국내 기업들의 발전이 부족한 가운데 AI를 비롯한 많은 부분들이 미국에 종속되는 현상에 대한 우려도 전했다.

"엄청 빠르게 AI 쪽으로 다 변화되지 않을까라는 생각이 들어요. AI가 활성화된 만큼 산업계에서는 미국에 내는 돈이 점점 많아지고 있고. 예전에 네이버나 우리도 잘하는 기업들이 있었는데 점점 많이 종속되는 것이 무섭고. 그런 부분에서 저희가 더 머리를 맞대야 되지 않을까, 생각을 해 봅니다." (임원 H)

5. 정부 정책

마지막으로, 기술 혁신과 관련하여 현재 정부 정책 가운데 도움이 되는 정책 또는 필요한 지원, 정책에 대하여 질문을 던졌다. 제조업 인사담당자들은 노동유연성 확대, 고용과 삶의 질 개선 등에 대한 의견을 주로 제시하였고, IT 산업 인사담당자들은 한국 IT 경쟁력 제고 방안, 전 국민에 대한 디지털 리터러시 교육 확대, 지역 소재 기업들이 청년층을 수도권으로 떠나보내지 않도록 하는 정책, 연구개발 관련 투자 확대, 실업급여보다 재취업에 대한 교육 지원 등을 언급했다.

"우리나라는 고용이 경직돼 있잖아요. 이런 상황일수록 기존 인력의 리바이탈라이제이션(revitalization)도 중요한 것 같습니다. 기존에 있는 사람들을 어떻게 다시 가르쳐서 쓸 수 있는지, 아니면 정말 말씀하신 대로 외국인 받아야 되거든요. 기존에 있는 인력들을 AI나 아니면 기술 혁신에 어떻게 접목해서 다시 활용할 수 있는지, 정부가 그것을 많이 도와줘야 한다고 생각하고. 회사 자체적으로는 하는데, 정부가 사회 분위기를 그쪽으로 많이 바꿔 줘야 되지 않을까 그런 생각을 합니다." (중간 관리자 A)

"많은 공공기관들은 아직도 외산 클라우드 서비스나 이런 것을 사용 못 하고 있는 것으로 알고 있거든요. 어떻게 보면 그런 영역들, 아직도 제약 때문에 못 쓰고 있는 영역들 때문에 마이너스적인 요소도 많이 있을 것 같고요. 한편으로는 거기까지 마저 다 오픈됐을 때 우리나라 소프트웨어나 IT의 경쟁력이 아예 일본처럼 없어지지 않을까, 이런 불안감도 있고 반반인 것 같아요." (중간 관리자 J)

"전반적으로 사회 자체가 디지털 문맹이 되지 않도록 전반적인 계층에게 다 교육을 할 수 있었으면 하고요. 특히 경영자들이 이런 부분의 필요성이나 중요성을 더 체감할 수 있는 부분이 오히려 필요하지 않을까라는 생각을 해 봤습니다." (중간 관리자 I)

"기술 혁신에 따라서 잘나가는 기업은 잘나가고, 지방에 근무하는 중소기업 신입이나 중소기업에 근무하는 직원들이 오래 다닐 수 있도록, 지금도 지원

책이 있다고 하지만 더 혁신적인 정책이 필요하다고 봅니다.” (임원 H)

“교육적인 부분에서 지원이 있었으면 좋겠다라는 생각이 들고. 기술 혁신이 이루어질수록 소위 말하는 단순 노동자분들이 일자리를 잃는 일이 많아질 텐데, 실업급여 수급하면서 일을 쉬게 하는 것보다는 재취업할 수 있도록 지원해 주는 교육 제도들이 잘 마련되면 좋겠다는 생각이 듭니다.” (중간 관리자 F)

제3절 소 결

본 장에서는 앞선 제3장과 제4장에서 진행한 양적분석에 더해 제조업, IT 산업 인사담당자들을 대상으로 기술 혁신과 노동시장 변화에 대한 표적집단심층면담(FGI: Focus Group Interview)을 진행하였다. 현재 실제 노동시장에 참여하고 있는 재직자들을 대상으로 기업에서 기술 혁신은 어떻게 적용되고 있으며 이에 따른 인력구조, 채용 방식 등에는 어떤 영향을 미쳤는지 매우 자세히 파악하고자 하였다.

면접 대상은 제조업 기업 인사담당자와 IT 기업 인사담당자 두 집단으로 구분하였고, 면담은 집단별 5명씩 총 10명을 대상으로 2024년 10월 14일, 15일 이틀에 걸쳐 진행하였다.

주요 질문들은 크게 5가지 대분류 항목으로 나누고 해당 항목에 속하는 몇 가지 구체적인 질문들로 구성하였다. 대분류 항목으로는 노동시장 평가, 기술 혁신의 영향, 기술 혁신과 노동시장, 기술 혁신과 미래, 정부 정책으로 구성하였다. 표적집단심층면접(FGI)에서 나온 의견들을 종합하여 얻은 시사점은 다음과 같다.

첫째, 현재 노동시장의 두드러진 현상은 미스매치의 심화로 인해 노동수급이 원활하게 이뤄지지 않고 있는 점이며, 이러한 미스매치 문제를 해결하기 위한 노력이 필요하다. 둘째, 로봇, 자동화 및 AI 툴 도입 등의 기술 혁신이 현재 산업 전반에 미치는 영향은 아직 크게 체감되고 있지 않았으나, 생산직을 중심으로 인력구조에 변화가 나타나고 있으며 이에 대응하기 위한 산업 전반의 준비가 필요하다. 셋째, 수도권과 지역 소재 기업 간의 차이가 심화되고 있으며, 청년층 수도권 쏠림 현상 및 지역 소재 기업들의 인력 부족 문제를 해결하기 위한 정책적 지원이 필요하다. 넷째, 자동화 및 AI 툴의 도입으로 인해 노동자 간 생산성 격차가 커지고 있으며 이러한 양극화는 심화될 것으로 전망된다. 향후 고용의 양극화 문제를 완화할 수 있는 정책이 필요하다. 마지막으로, 기술 혁신의 속도가 점점 빨라지는 상황에서 향후 산업에서 요구되는 수준의 인력공급을 위해 교육 및 재교육 프로그램을 적절히 제공할 필요가 있다.

제6장 결 론

제1절 연구 요약

본 연구는 자동화, 로봇 도입, 인공지능(AI) 기술 등으로 대표되는 기술 혁신과 노동시장의 변화에 대해 살펴봤다. 기술 혁신과 노동시장의 주요 내용에 대해 개괄하고, 산업용 제조 로봇의 도입으로 인한 지역노동시장의 영향과 인적자본에 미친 영향에 대해 양적분석을 실시하였다. 이와 더불어 기업체 인사담당자들을 대상으로 표적집단심층면접을 통해 현재 노동시장 참가자들이 체감하는 기술 혁신과 노동시장의 변화에 대한 질적분석을 추가하였다.

제2장에서는 기술 혁신과 노동시장에 대해 개괄했다. 먼저, 기술 혁신의 개념, 종류 및 발전단계에 대한 이론적 바탕을 제시하였다. 또한, 여러 자료를 활용하여 현재의 기술 혁신 수준을 살펴보고 사회 · 경제적인 영향에 대해 개괄했다. 마지막으로, 이러한 기술 혁신이 진행 중인 노동시장의 현황과 전망에 대해 살펴봤다.

조셉 슘페터에 의해 제시된 기술 혁신의 개념은 기술의 발전이 단순히 새로운 기술의 도입을 넘어 기존의 제품 및 서비스, 생산방식 등을 새로이 조립하거나, 기존에 존재하지 않던 기술을 발명함으로써 경제적 사회적 가치를 창출하는 과정을 의미한다. 기술 혁신은 새로운 제품의 개발, 새로운 생산공정의 도입, 새로운 시장 개척, 새로운 원재료 또는 중간재 공급원 개발, 새로운 산업 조직 도입 등의 5가지로 분류된다. 최근 주로 언급되는 기술 혁신은 신제품의 개발로 인한 제품 혁신과 신규 생산공정의 도입으로 인한 공정혁신을 들 수 있다. 이러한 기술 혁신은 산업 구조를 개편하고, 노동시장에도 산업 구조 개편에 따른 신규 노동수요의 발생 및 기존 노동수요의 감소와 같은 변화를 일으킨다.

기술 혁신과 관련된 객관적인 평가를 통해 기술 혁신의 현황에 대해 살펴보았다. 한국의 혁신역량지수는 OECD에 가입한 36개국을 대상으로 분석한 결과, 5위를 차지하며 높은 수준을 기록했다. 항목별로 구분하여 봤을 때는 자원과 활동 부문에서 상위권에 위치하였으나, 네트워크 부문과 환경 부문에서 낮은 순위를 기록했다. 특히, 국제 협력과 지원제도 부문의 개선이 필요한 것으로 보인다. 한편, 국내 기업 대상 혁신 조사에서는 제조업과 서비스업 모두 최근 10년간 혁신활동을 하는 기업 비중이 증가한 것으로 나타났으나, 제조업의 혁신활동률과 R&D활동률이 서비스업에 비해 상대적으로 높은 것으로 나타났다.

기술 혁신의 사회·경제적 영향을 다룬 연구에서는 긍정적 측면과 부정적 측면이 모두 관찰되고 있다. 긍정적인 측면으로는 생산성 향상과 새로운 시장 창출을 통한 경제성장 및 국제 경쟁력 강화가 주요 성과로 언급된다. 반면, 부정적인 측면으로는 자동화와 로봇 도입 등으로 인해 저숙련 노동자의 고용이 감소하고 소득 불평등이 심화될 가능성도 제기된다.

이와 같이 기술 혁신은 노동시장에서 복합적인 모습을 나타낸다. 숙련수준별로 고용에 미치는 영향을 살펴본 결과, 자동화, 로봇 도입, AI 기술 등은 고숙련 일자리를 늘렸으나 저숙련 및 중숙련 일자리를 감소시키는 추세가 나타나는 현상을 확인할 수 있었다. 한편, 고용보험 DB를 이용하여 디지털 전환 기반 기술 인력 현황을 살펴보면 관련 인력들이 꾸준히 증가하는 추세에 있음을 알 수 있다. 이와 더불어, 플랫폼 종사자의 규모 역시 마찬가지로 큰 폭의 증가를 나타내고 있으며 이러한 증가세는 향후 꾸준히 증가할 것으로 보인다. 향후 기술 혁신과 관련하여 노동시장에서 순 일자리가 감소할 것으로 전망하는 의견들이 존재하지만, 기업들은 교육훈련에 대한 투자, 직무전환 등 기존 인재의 육성 및 활용에 대해 긍정적인 모습을 보이고 있다.

제3장에서는 로봇 도입이 지역노동시장의 고용과 임금에 미친 영향을 분석했다. 이를 위해 전국사업체조사 자료를 활용하여 지역노동시장권을 설정한 후, 로봇 노출도를 계산하고 이중차분과 발틱 도구변수를 이용하여 분석했다. 분석 결과, 로봇 도입은 제조업과 비제조업의 고용과 임금에 긍정적인 영향을 미친 것으로 나타났다. 이는 제조업에서는 로봇 도입으로 인한 생산성 상승이 로봇이 인력을 대체하는 효과보다 훨씬 큰 것을 의미하며, 비제조업의 경우 노동시장의 긍정적인 영향으로 인해 서비스업 등의 수요가 증가하였음을 시사하고 있다. 그러나 제조업의 경우 고용계약 기간이 긴 상용직 고용이 늘어났으나, 비제조업의 경우 임시 및 일용직 고용이 늘어나 고용의 질적 측면에서는 로봇 도입의 효과가 이질적인 것으로 나타났다.

로봇 도입의 효과를 연령대별로 분석한 결과, 45세 미만 젊은 층의 고용률은 증가한 반면, 45세 이상 중장년층의 고용률은 감소한 것으로 나타났다. 이는 연령대에 따라 로봇 도입에 대한 적응력이 다르다는 것을 보여준다. 또한, 로봇 도입의 효과를 학력별로 살펴본 결과, 고졸 이하 노동자의 임금이 상승했으며 대학 프리미엄이 유의미하게 감소한 것으로 나타났다. 이는 로봇 도입으로 인해 대학 진학의 기회비용이 상승하면서 대학 진학에 부정적인 영향을 미칠 수 있음을 시사하고 있다.

제4장에서는 기술 혁신이 인적자본에 미치는 영향을 살펴보기 위해 국제로봇협회의 자료와 전국사업체조사 자료를 활용하여 지역노동시장권별 로봇 노출도를 계산하고, 교육기본통계조사 자료와 인구동향조사 자료를 이용하여 대학 등록 및 전공선택 등에 미치는 영향과 관련된 변수들을 구한 뒤 인과적 관계를 추정하였다.

먼저, 해당 지역노동시장에 거주하는 19~60세 인구 대비 대학 재적학생 수를 종속변수로 하여 로봇 도입의 인과적 효과를 추정한 결과, 로봇 도입은 대학 등록률을 낮추는 것으로 나타났다. 학제별로 구분하여 4년제와 2년제에 대해 각각 살펴본 결과, 2년제의 경우 부정적인 효과가 나타났으나 4년제의 경우 통계적으로 유의한 영향이 나타나지 않았다. 설립 주체별로 나눠 국·공립대와 사립대로 구분하여 분석한 결과에서는 로봇 도입으로 인한 효과가 사립대에만 부정적인 영향을 미치는 것으로 나타났다. 또한, 로봇 도입이 대학 졸업생들의 전공선택에 미치는 영향을 살펴본 결과, 로봇 노출도의 증가는 공학 계열의 졸업생 비율을 높였으나 예체능 계열의 졸업생 비율은 낮춘 것으로 나타났다. 자동화 기술 발전으로 인한 일자리 창출이 가장 높은 공학 분야의 결과는 기존의 예상과 합치한다고 볼 수 있다.

한편, 고등학교 졸업생을 대상으로 로봇 도입이 대학 입학에 미치는 영향을 분석한 결과, 로봇 도입으로 인해 고등학교 졸업생들의 대학 진학률이 감소한 것으로 나타났다. 앞선 분석이 19~60세 인구 대비 대학 등록률을 계산하여 노동시장 전체의 변화를 포함했다면, 이 분석은 고등학생의 직접적인 교육 선택에 초점을 맞춰 보다 세부적인 영향을 확인할 수 있다. 그러나, 대학 입학생의 전공선택에 대한 분석에서는 통계적으로 유의미한 효과가 발견되지 않았다. 이는 대학 입학생들이 산업 및 노동수요 변화에 대한 정보를 충분히 인지하지 못했거나, 기술 변화가 입학 시 전공선택에 직접적 고려 요인으로 작용하지 않았을 가능성을 나타낸다.

마지막으로, 로봇 도입이 인적자본 축적에 미치는 잠재적인 메커니즘을 분석하기 위해 지역별고용조사 자료를 활용하여 학력 수준별 25~60세 인구의 임금 변화에 미친 영향을 살펴봤다. 분석 결과, 로봇 도입은 고졸 이하 노동자의 임금을 상승시켰으나 초대졸 이상 노동자의 임금에는 유의미한 영향을 미치지 않았으며, 이로 인해 학력 임금 프리미엄이 감소한 것으로 나타났다. 이는 로봇 도입이 저숙련 노동자의 생산성을 보완하여 대학 등록의 기회비용을 증가시키고, 그 결과 고졸 이하 노동자들의 대학 진학 유인을 감소시켰을 가능성을 시사한다. 또한, 고숙련 노동에 대한 수요가 크게 증가하지 않았을 가능성도 함께 제기된다.

제5장에서는 제3장과 제4장에서 진행한 양적분석에 더해 제조업, IT 산업 인사담당자들을 대상으로 기술 혁신과 노동시장 변화에 대한 표적집단심층면담(FGI : Focus Group Interview)을 진행했다. 현재 실제 노동시장에 참여하고 있는 재직자들을 대상으로 기업에서 기술 혁신은 어떻게 적용되고 있으며 이에 따른 인력구조, 채용 방식 등에는 어떤 영향을 미쳤는지 매우 자세히 파악하고자 하였다. 면접 대상은 제조업 기업 인사담당자와 IT 기업 인사담당자 두 집단으로 구분하였고, 면담은 집단별 5명씩 총 10명을 대상으로 2024년 10월 14일, 15일 이틀에 걸쳐 진행하였다. 주요 질문들은 크게 5가지 대분류 항목으로 나누고 해당 항목에 속하는 몇 가지 구체적인 질문들

로 구성하였다. 대분류 항목으로는 노동시장 평가, 기술 혁신의 영향, 기술 혁신과 노동시장, 기술 혁신과 미래, 정부 정책으로 구성하였다. 표적집단심층면접(FGI)에서 나온 의견들을 종합하여 얻은 시사점은 다음과 같다.

첫째, 현재 노동시장의 두드러진 현상은 미스매치의 심화로 인해 노동수급이 원활하게 이뤄지지 않고 있는 점이며, 이러한 미스매치 문제를 해결하기 위한 노력이 필요하다. 둘째, 로봇, 자동화 및 AI 툴 도입 등의 기술 혁신이 현재 산업 전반에 미치는 영향은 아직 크게 체감되고 있지 않았으나, 생산직을 중심으로 인력구조에 변화가 나타나고 있으며 이에 대응하기 위한 산업 전반의 준비가 필요하다. 셋째, 수도권과 비수도권 지역 소재 기업 간의 차이가 심화되고 있으며, 청년층 수도권 쏠림 현상 및 비수도권 지역 소재 기업들의 인력 부족 문제를 해결하기 위한 정책적 지원이 필요하다. 넷째, 자동화 및 AI 툴의 도입으로 인해 노동자 간 생산성 격차가 커지고 있으며 이러한 양극화는 심화될 것으로 전망된다. 향후 고용의 양극화 문제를 완화할 수 있는 정책이 필요하다. 마지막으로, 기술 혁신의 속도가 점점 빨라지는 상황에서 향후 산업에서 요구되는 수준의 인력공급을 위해 교육 및 재교육 프로그램을 적절히 제공할 필요가 있다.

제2절 정책제언

본 연구의 주요 내용을 바탕으로 다음과 같은 정책제언을 도출하였다. 첫째, 노동자들이 기술 변화에 적응할 수 있도록 재교육과 직업훈련 프로그램을 확대해야 한다. 이를 위해 맞춤형 직업훈련 과정을 개발하고, 재직자를 대상으로 온·오프라인 혼합 학습 시스템을 도입하여 교육 기회를 늘려야 한다. 특히, 제3장의 연구 결과는 로봇 도입이 연령대별로 차별적인 영향을 미쳤음을 보여준다. 이러한 차이를 완화하기 위해 모든 연령대의 노동자들이 새로운 기술에 접근할 수 있도록 포괄적이고 체계적인 기술 교육도 함께 제공해야 한다. 이러한 노력을 통해 산업 전반의 생산성을 높이고 고용 안정성을 도모할 수 있을 것으로 기대한다.

둘째, 기술 혁신으로 인해 발생할 수 있는 고용 불안과 소득 불평등을 완화하기 위해 사회안전망을 개선하고 사각지대에 위치하는 노동자들을 포용할 수 있는 제도를 강화해야 한다. 제3장의 결과에서 볼 수 있듯이 새로이 창출되거나 사라지는 일자리가 산업별로 상이하므로, 산업별 맞춤형 정책이 요구된다. 특히 비제조업 부문에서 증가하는 임시 및 일용직의 일자리에 대해서는 이들의 직업 안정성과 고용 안정성을 높이기 위한 정책이 시급하다. 이를 위해 맞춤형 고용 보험, 직업 전환을 지원하는 일자리 전환 프로그램, 그리고 안정적인 근로 환경을 보장하기 위한 제도적 장치가 필요하다.

셋째, 기술 혁신이 노동시장에 미치는 지역적 격차를 줄이기 위한 노력이 필요하다. 제3장의 분석 결과에서 나타난 것처럼, 지역별 로봇 도입의 차이는 고용 격차로 이어질 가능성을 내포하고 있다. 이에 따라 기술 혁신이 상대적으로 더딘 지역에 관련 인프라와 설비를 지원하고, 신기술 도입을 위한 보조금이나 세제 혜택과 같은 정책적 지원을 강화해야 한다. 이를 통해 지역 간 균형 있는 발전을 도모할 수 있다.

넷째, 자동화 및 로봇 도입 등으로 변화하는 산업 구조에 대응하기 위해 교육 정책과 인적자원 개발 프로그램 간의 연계성을 확대해야 한다. 현재 존재하는 산업별 인적자원 개발 체계와 위원회들이 있지만, 지역과 산업의 특수성을 반영한 맞춤형 정책은 여전히 부족하다. 이를 해결하기 위해 현실적인 수요를 반영한 정책 설계와 기관별 협력 체계를 강화하기 위한 노력이 필요하다.

마지막으로, 기술 혁신으로 인해 변화하는 노동수요에 대응하기 위해 STEM(과학, 기술, 교육, 수학) 분야의 확대와 지원이 필요하다. 전통적인 대학의 교육 체계에서는 변화하는 산업환경에서 필요한 인력을 적절하게 공급하는 데 한계가 있다. 따라서 대학과 기업 간 협력을 통해 실제 많은 수요가 있는 기술 중심 학과를 개설하고 취업으로 연결될 수 있는 체계를 마련할 필요가 있다.

이러한 정책적 노력을 통해 기술 혁신의 부정적 영향을 최소화하고, 긍정적 효과가 사회 전반에 고르게 확산할 수 있도록 해야 한다.

참고문헌

과학기술정책연구원(2022), 『2022년 한국기업혁신조사 : 제조업 부문』.

______(2023), 『2023년 한국기업혁신조사 : 서비스업 부문』.

교육부 · 한국교육개발원(2011, 2016, 2021), 『교육기본통계』.

김승현(2021), 「NABO 경제 · 산업동향 & 이슈 : 숙련수준별 취업자 수 추이 및 시사점」, 국회예산정책처.

김태경 · 이병호(2021), 「산업용 로봇 보급이 고용에 미치는 영향」, 『[BOK] 조사통계월보』 75(1), pp.16~35.

박보람(2024), 「플랫폼 노동시장의 변화와 시사점 : 2023년 플랫폼 종사자 규모추정과 근무실태 조사 결과를 중심으로」, 『고용이슈』 2024 봄, pp.6~19.

박찬수 외(2012), 『중소기업 기술혁신 역량 평가 및 글로벌 정책동향 분석(Ⅲ)』, 과학기술정책연구원.

윤윤규 외(2012), 『한국의 지역노동시장권 2010』, 한국노동연구원.

이시균 · 김수현 · 성재민 · 정성미(2020), 『기술혁신이 고용구조 변화에 미치는 효과』, 한국고용정보원.

이종관(2019), 「지식경제 시대의 일자리 창출 결정요인 : 지역 고용승수효과 추정」, 김민호 외, 『지식경제 시대의 일자리창출전략』 제3장, 한국개발연구원,

______(2021), 「로봇과 일자리」, 구자현 외, 『디지털 기반 성장을 위한 디지털 전환 정책과제』 제4장, 한국개발연구원.

이환웅 · 강동익(2022), 『생산기술의 혁신이 노동시장에 미친 영향 : 로봇 및 스마트공장 도입을 중심으로』, 한국조세재정연구원.

정선양(2020), 「슘페터와 기술혁신 : [경제발전의 이론] 독일어 제1판의 주요 내용과 현대에 대한 시사점」, 『기술혁신학회지』 23(2), pp.181~207.

통계청(2010, 2015, 2020), 「인구동향조사」.

______(2005, 2010, 2015, 2020), 「인구주택총조사」.

______(2005, 2010, 2015, 2020), 「전국사업체조사」.

______(2005, 2010, 2015, 2020), 「지역별고용조사」.

한국고용정보원(2023), 『디지털 기반 기술혁신과 인력수요 구조 변화』.

한국과학기술기획평가원(2023), 『2023년 국가 과학기술혁신역량평가 연구』.

Acemoglu, D. and D. Autor(2010), "Skills, Tasks and Technologies: Implications for employment and earnings," NBER Working Paper (No. w16082).

______(2012), "What Does Human Capital Do? A Review of Goldin and Katz's The Race Between Education and Technology," *Journal of Economic Literature* 50(2), pp.426~463.

Acemoglu, D. and P. Restrepo(2019), "Automation and New Tasks: How technology displaces and reinstates labor," *Journal of Economic Perspectives* 33(2), pp.3~30.

______(2020), "Robots and Jobs: Evidence from US labor markets," *Journal of Political Economy* 128(6), pp.2188~ 2244.

Adão, R., M. Kolesár, and E. Morales(2019), "Shift-Share Designs: Theory and inference," *The Quarterly Journal of Economics* 134(4), pp. 1949~2010.

Anelli, M., O. Giuntella, and L. Stella(2024), "Robots, Marriageable Men, Family, and Fertility," *Journal of Human Resources* 59(2), pp.443~469.

Aoun, Joseph, E.(2017), *Robot-Proof: Higher education in the age of artificial intelligence*, MIT Press, Cambridge, Ma.

Atkin, D.(2016), "Endogenous Skill Acquisition and Export Manufacturing in Mexico," *American Economic Review* 106(8), pp.2046~2085.

Autor, D. H.(2015), "Why Are There Still So Many Jobs? The History and Future of Workplace Automation," *Journal of Economic Perspectives*

29(3), pp.3~30.

Autor, D. H. and D. Dorn(2013), "The Growth of Low-Skill Service Jobs and the Polarization of the US Labor Market," *American Economic Review* 103(5), pp.1553~1597.

Autor, D. H., D. Dorn, and G. H. Hanson(2013), "The China Syndrome: Local labor market effects of import competition in the United States," *American Economic Review* 103(6), pp.2121~2168.

Autor, D., C. Goldin, and L. F. Katz(2020), "Extending the Race Between Education and Technology," *AEA Papers and Proceedings* 110, pp.347~351.

Autor, D. H., F. Levy, and R. J. Murnane(2003), "The Skill Content of Recent Technological Change: An empirical exploration," *The Quarterly Journal of Economics* 118(4), pp.1279~1333.

Autor, D. and A. Salomons(2018), "Is Automation Labor-Displacing? Productivity Growth, Employment, and the Labor Share," NBER Working Paper (No. w24871).

Balsvik, R., S. Jensen, and K. G. Salvanes(2015), "Made in China, Sold in Norway: Local labor market effects of an import shock," *Journal of Public Economics* 127, pp.137~144.

Bessen, J.(2019), "Automation and Jobs: When technology boosts employment," *Economic Policy* 34(100), pp.589~626.

Blanchflower, D. G. and S. M. Burgess(1998), "New Technology and Jobs: Comparative evidence from a two-country study," *Economics of Innovation and New Technology* 5(2-4), pp.109~138.

Bonfiglioli, A., R. Crino, H. Fadinger, and G. Gancia(2024), "Robot Imports and Firm-Level Outcomes," *The Economic Journal* 134(664), pp. 3428~3444.

Borusyak, K., P. Hull, and X. Jaravel(2022), "Quasi-Experimental Shift-Share Research Designs," *The Review of Economic Studies* 89(1), pp.181~213.

Branco, D., B. Carrillo, and W. Iglesias(2022), "Routine-Biased Technological Change and Endogenous Skill Investments," Working Paper.

Bresnahan, T. F. and M. Trajtenberg(1995), "General Purpose Technologies: 'Engines of growth'?," *Journal of Econometrics* 65(1), pp.83~108.

Brynjolfsson, E. and A. McAfee(2014), *The Second Machine Age: Work, progress, and prosperity in a time of brilliant technologies,* WW Norton & Company.

Card, D. and J. E. DiNardo(2002), "Skill-Biased Technological Change and Rising Wage Inequality: Some problems and puzzles," *Journal of Labor Economics* 20(4), pp.733~783.

Charles, Kerwin Kofi, Erik Hurst, and Matthew J. Notowidigdo(2018), "Housing Booms and Busts, Labor Market Opportunities, and College Attendance," *American Economic Review* 108(10), pp. 2947~2994.

Claudia, D. P., S. Karagiannis, and R. Raab(2018), "Innovation and Inequality in the EU: For better or for worse?," Joint Research Centre, European Union, Luxembourg.

Dauth, W., S. Findeisen, and J. Suedekum(2014), "The Rise of the East and the Far East: German labor markets and trade integration," *Journal of the European Economic Association*, 12(6), pp.1643~1675.

Dauth, W., S. Findeisen, J. Suedekum, and N. Woessner(2021), "The Adjustment of Labor Markets to Robots," *Journal of the European Economic Association* 19(6), pp.3104~3153.

Di Giacomo, G. and B. Lerch(2023), "Automation and Human Capital Adjustment: The effect of robots on college enrollment," *Journal of Human Resources.* DOI: https://doi.org/10.3368//jhr.1222-126B4 R1

Eggleston, K., Y. S. Lee, and T. Iizuka(2021), "Robots and Labor in the Service Sector: Evidence from nursing homes," NBER Working Paper (No. w28322).

Freeman, C. and L. Soete(1997), *The Economics of Industrial Innovation*, 3rd edition, MIT Press, Cambridge, MA.

Goldin, C. and L. F. Katz(2008), *The Race Between Education and Technology*, Cambridge, MA: Harvard University Press.

Goldsmith-Pinkham, P., I. Sorkin, and H. Swift(2020), "Bartik Instruments: What, when, why, and how," *American Economic Review* 110(8), pp.2586~2624.

Goos, M. and A. Manning(2007), "Lousy and Lovely Jobs: The rising polarization of work in Britain," *The Review of Economics and Statistics* 89(1), pp.118~133.

Goos, M., A. Manning, and A. Salomons(2014), "Explaining Job Polarization: Routine-Biased technological change and offshoring," *American Economic Review* 104(8), pp.2509~2526.

Graetz, G. and G. Michaels(2018), "Robots at Work," *Review of Economics and Statistics* 100(5), pp.753~768.

Henderson, R. M. and K. B. Clark(1990), "Architectural Innovation: The reconfiguration of existing product technologies and the failure of established firms," *Administrative Science Quarterly* 35(1), pp.9~30.

Hickman, D. C. and W. W. Olney(2011), "Globalization and Investment in Human Capital," *ILR Review* 64(4), pp.654~672.

IFR(2023), "World Robotics 2023," Technical Report, International Federation of Robotics, Frankfurt. [Available online: https://ifr.org].

Juhn, C., K. M. Murphy, and B. Pierce(1993), "Wage Inequality and the Rise in Returns to Skill," *Journal of Political Economy* 101(3), pp.410~442.

Katz, L. F. and K. M. Murphy(1992), "Changes in Relative Wages, 1963-1987: Supply and demand factors," *The Quarterly Journal of Economics* 107(1), pp.35~78.

Kim, H.(2024), "The Impact of Robots on Labor Demand: Evidence from job vacancy data in South Korea," *Empirical Economics* 67(3), pp.1185~1209.

Klette, J. and S. E. Førre(1998), "Innovation and Job Creation in a Small Open Economy: Evidence from Norwegian manufacturing plants 1982-92," *Economics of Innovation and New Technology* 5(2-4), pp.247~272.

Lerch, B.(2020), "Robots and Non-Participation in the US: Where have all the workers gone?," Available at SSRN 3650905.

Schumpeter, J. A.(1942), *Capitalism, Socialism and Democracy*, Harper & Brothers.

Sequeira, T. N., M. Santos, and A. Ferreira-Lopes(2017), "Income Inequality, TFP, and Human Capital," *Economic Record* 93(300), pp.89~111.

Smolny, W.(2002), "Employment Adjustment at the Firm Level: A theoretical model and an empirical investigation for West German manufacturing firms," *Labour* 16(1), pp.65~88.

Stock, J. and M. Yogo(2005), "Asymptotic Distributions of Instrumental Variables Statistics with Many Instruments," in W. Donald, K. Andrew, and J. Stock (eds.), *Identification and Inference for Econometric Models: Essays in honor of Thomas Rothenberg*, Ch. 6, New York: Cambridge University Press.

United Nations(2024), UN Comtrade Database. United Nations. https://comtrade.un.org/(2024. 8. 29. 접속)

Utterback, J. M.(1996), *Mastering the Dynamics of Innovation*, Harvard Business School Press.

Van Reenan, J.(1996), "Productivity and Growth: A study of British industry, 1954-1986," *Journal of Economic Literature* 34(1).

World Economic Forum(2023), "The Future of Jobs Report 2023," Geneva, Switzerland: World Economic Forum.

◈ 執筆陣

• **안군원**(한국노동연구원 부연구위원)
• **구자현**(한국노동연구원 부연구위원)

기술 혁신과 노동시장 변화

▪발행연월일	2024년 12월 26일 인쇄 2024년 12월 30일 발행
▪발 행 인	허 재 준
▪발 행 처	**한국노동연구원** 30147 세종특별자치시 시청대로 370 세종국책연구단지 경제정책동 ☎ 대표 (044) 287-6081 Fax (044) 287-6089
▪조판 · 인쇄	거목정보산업(주) (044) 863-6566
▪등 록 일 자	1988년 9월 13일
▪등 록 번 호	제2015-000013호

정가 6,000원

ISBN 979-11-260-0747-9